雄安新区上游中小河流洪水影响预警与风险评估技术

陈小雷　姜　彤　司丽丽　王艳君　林齐根　主编

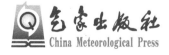

气象出版社
China Meteorological Press

内容简介

本书以暴雨诱发的雄安新区上游中小河流洪水为研究对象，以筑牢防灾减灾第一道防线为着眼点，概括了多源异构的雄安新区上游中小河流洪水基础数据库建设思路与结果，阐释了分流域致洪临界面雨量预警指标构建以及洪水灾害风险评估的技术流程与方法，探索面向雄安新区上游中小河流洪水灾害的精细化风险管理理论，提升针对性的防灾减灾救灾业务能力。本书旨在提高雄安新区气象灾害风险管理的能力及水平，并为北方常干型中小河流洪水灾害预警与风险评估研究提供范式参考。

图书在版编目（CIP）数据

雄安新区上游中小河流洪水影响预警与风险评估技术/陈小雷等主编. -- 北京：气象出版社，2023.8
　　ISBN 978-7-5029-8036-8

　　Ⅰ．①雄… Ⅱ．①陈… Ⅲ．①河流－洪水预报－研究
－雄安新区②河流－防洪－风险评价－研究－雄安新区
Ⅳ．①P338

中国国家版本馆CIP数据核字(2023)第171801号

雄安新区上游中小河流洪水影响预警与风险评估技术
Xiong'an Xinqu Shangyou Zhongxiao Heliu Hongshui Yingxiang Yujing yu Fengxian Pinggu Jishu

出版发行：气象出版社
地　　址：北京市海淀区中关村南大街 46 号　　　　**邮政编码**：100081
电　　话：010-68407112（总编室）　010-68408042（发行部）
网　　址：http://www.qxcbs.com　　　　**E-mail**：qxcbs@cma.gov.cn
责任编辑：邵　华　张玥滢　　　　　　　　**终　审**：张　斌
责任校对：张硕杰　　　　　　　　　　　　**责任技编**：赵相宁
封面设计：楠竹文化
印　　刷：北京建宏印刷有限公司
开　　本：787 mm×1092 mm　1/16　　　　**印　张**：16
字　　数：354 千字
版　　次：2023 年 8 月第 1 版　　　　　　**印　次**：2023 年 8 月第 1 次印刷
定　　价：118.00 元

《雄安新区上游中小河流洪水影响预警与风险评估技术》
编委会

主　编：陈小雷　姜　彤　司丽丽　王艳君　林齐根

委　员（以姓氏笔画为序）：

吕嫣冉　刘清滢　李　璨　杨陈心怡　陈梓延

郎紫晴　赵庆庆　赵　亮　赵铁松　俞海洋

姜　汕　黄金龙　黄　鹤　解文娟　魏铁鑫

目 录
Contents

第 1 章
影响预警与风险评估的研究意义

1.1　研究意义

随着全球变暖以及我国社会经济发展，自然灾害的发生越来越频繁，自然灾害造成的经济损失也越来越大。从世界各国和国际组织经验来看，对灾害开展早期监测和防范、预警措施，加强社会系统的保障条件等都是降低灾害损失的有效手段。

联合国防灾减灾署 2000—2019 年的全球自然灾害统计数据表明，洪水灾害是全球最主要的灾难性事件，其发生频次占所有记录自然灾害的 43%，在全球范围内的影响人口约 25 亿人（UNDRR，2020）。同时，政府间气候变化专门委员会（IPCC）的评估报告指出，气候系统的变暖是毋庸置疑的，由于气候变暖的热力学效应可能增加强降水事件的频率和强度，越来越多的证据也显示气候变化导致的强降雨变化会增加全球洪水灾害风险（IPCC，2021）。中国历来是洪水灾害损失严重的国家（Jiang et al.，2020；吴吉东 等，2014）。根据《中国水旱灾害公报 2019》的数据统计，近 60 a 来中国平均每年因洪水灾害造成的死亡人口超过 4000 人，1990 年以来，平均每年因洪水灾害造成的直接经济损失约 200 亿美元（中华人民共和国水利部，2020；胡畔 等，2021）。特别是近年来受气候变化影响，极端天气气候事件更加频发（Su et al.，2018；Wang et al.，2019），随着全球变暖和社会经济的快速增长，2001—2022 年，中国洪水灾害造成的年均受灾人口 9245 万人次，直接经济损失 1678.6 亿元，占 GDP 比重的 0.35%，极大地威胁着人类社会的生存和发展，未来气候变化情景下每升温 0.5 ℃，中国每年因洪水灾害造成的损失预计超过 600 亿美元（Jiang et al.，2020）。此外，气候多模式预估显示，未来中国极端降水和强降水占年降水量的比重均会增加（秦大河 等，2021），洪水灾害风险将进一步增大。因此，开展有效的洪水灾害影响预警和风险评估研究，不仅是区域洪水灾害防治的重要非工程措施，更是降低灾害损失和减轻灾害风险的前提和基础，也可以为实现区域社会经济可持续发展提供重要支撑，对区域防洪减灾措施制定和洪水灾害风险应对具有重要的现实意义。

雄安新区位于海河流域的重要水系大清河流域腹地，地势相对低洼，地处"九河下梢"，上游南支水系有潴龙河、唐河、府河、瀑河、萍河、漕河、孝义河等众多支流。大清河流域是海河流域五大河系之一，地处海河流域中部，流域降雨多以暴雨形式出现，且降水年际变化比较大，加之气候变化背景下暴雨频次增加、单次雨量增大的可能性较大，流域发生洪水风险较高。由于大清河流域的上游河系复杂，上游支流发生暴雨，雄安新区极易遭受河流洪水的影响，社会经济损失严重。郝志新等（2018）通过对历史文献等洪涝灾害记录的摘录整理，分析了雄安新区过去 300 a 洪涝灾害时空分布特征，发现 1715—2016 年 300 余年间发生洪水灾害共计 139 次，认为雄安新区洪涝灾害发生频繁且灾情严重，平均 2～3 a 发生 1 次（郝志新 等，2018；鲍振鑫 等，2021；王磊 等，2019；王贺年 等，2019；裴宏伟 等，2020；吴大光 等，2011；王庆明 等，2021；崔豪 等，2019）；盛广耀等（2020）通过整理地方历史文献中的洪涝灾害记录，结合 1960 年以来的降水观测数据，分析了不同时期各种影响因素对于洪涝灾害发生及灾害等级的边际效应，评估了未来气候变化的极端降水增量情景下雄安新区内涝灾害事件及高等级洪涝发生的风险，研究认为，雄安新区的洪灾频次低于涝灾，但洪灾灾情普遍较重；未来本地极端强降水不足以导致高等级洪涝灾害的发生，只有在发生洪水致灾的同时，当日极端降水强度增加 15%（300 mm）以上时，有县域会发生 2 级及以上洪涝灾害。目前，已经开展高分辨率气候模式对雄安新区未来极端气候事件预估和历史灾情统计特征的相关研究，研究表明，未来雄安新区最大日降水量明显增加，暴雨和洪涝事件的频率和强度均将增大（吴婕 等，2018；石英 等，2019）。随着雄安新区经济社会不断发展，未来气候变暖背景下雄安新区将面临怎样的洪水灾害影响与风险，如何更有效地开展洪水灾害预报预警，是雄安新区规划建设必须面对且应深入思考的问题。

1.2　国内外研究进展

1.2.1　洪水灾害影响预警研究

流域洪水灾害预警多数采用天气预报、水文预报等形式，主要考虑气象要素或水文要素的致险程度，如水位预警或基于高分辨率的分布式水文模型预报子流域的径流过程、洪峰等洪水特征，根据河流防洪标准，发布洪水预警。但是，这类方法在实际使用时往往由于水文资料缺乏难以推广应用（包红军 等，2020）。相比较而言，由于降水监测覆盖程度及数据获取的时效性优势，基于实时流域（面）雨量预报发布洪水预警的方法被越来越多地采用（李昌志 等，2015；卢燕宇 等，2015；Yuan et al.，2019）。然而传统的洪水预警主要为决策者和社会公众提供"天气会变化成什么样子"的信息，人们难于结合自身情况来理解气象变化风险，更不利于有针对性地采取应对灾害的措施。

近年来，随着预警工作实践的不断深入，国内外组织和学者开展了不同程度的灾害预警工作的创新探索，逐渐建立了预警与承灾体影响因素相结合的综合预报预警体系，为决策者和社会公众提供"天气变化会影响到什么"，并联合多方力量开展更有时空针对性的预报和预警工作，更有利于社会和公众了解掌握灾害防御重点及做好应急准备工作。世界气象组织在吸取有关国家经验做法的基础上，提出了基于影响的预报和预警体系（IBFW），发布了《世界气象组织基于影响的预报和预警服务指南》，并指导有关国家开展实践应用（吴大明，2023）。国内学者考虑极端水文气象事件的影响，创新性提出"灾害普查—致灾阈值确定—降水定量预报—极端事件影响预警"的理念，建立了基于影响的极端气象预警矩阵体系，根据区域灾害发生可能造成的影响与天气预报发生概率综合给出灾害预警信号，使极端水文气象事件的预警由要素预警向影响预警转变（Jiao et al.，2015）。

1.2.2　洪水灾害风险评估研究

国内外学者对洪水灾害风险评估已经开展了大量研究，早期的评估侧重灾害的自然属性，主要分析致灾因子的危险性或灾害损失特征以评估风险的高低（李莹 等，2022；何报寅 等，2002；Rutger et al.，2008）。随着灾害风险理论的发展，洪水灾害风险开始关注灾害的社会属性，逐步开展灾害损失与影响的定量评估（张继权 等，2006；胡畔 等，2021）、承灾体暴露度和脆弱性分析（王艳君 等，2014；权瑞松 等，2011；Jongman et al.，2012）以及考虑灾害的自然和社会双重属性进行洪水灾害的风险评估研究（Hirabayashi et al.，2013；李万志 等，2019）。目前，中国关于国家（徐影 等，2014；田国珍 等，2006）、省（李万志 等，2019；李喜仓 等，2012；宫清华 等，2009；张婧 等，2009）、市（县）（周轶 等，2021；张君枝 等，2020）和流域（谢五三 等，2017；刘家福 等，2008）尺度的洪水灾害风险评估与区划研究已有较多成果。对中国洪水灾害风险评估的研究结果表明，未来中国洪水灾害高风险区有所增加，主要出现在四川东部、华东大部分地区、京津冀地区、陕西和山西的部分地区以及东南沿海部分地区（徐影 等，2014），未来气候变化情景下每升温 0.5 ℃，中国每年因洪水灾害造成的损失预估超过 600 亿美元（Jiang et al.，2020）。从研究方法来看，研究人员主要采用基于历史灾情的数理统计的方法（李莹 等，2022；张继权 等，2006；姜彤 等，2020）、基于指标体系的方法（田国珍 等，2006；李喜仓 等，2012，宫清华 等，2009；张婧 等，2009）和基于情景模拟方法（权瑞松 等，2011；周轶 等，2021；张君枝 等，2020；谢五三 等，2017），其中，基于历史灾情的数理统计方法要求较长时间序列的灾情数据，基于指标体系的方法在指标的选取与权重设定中具有较大的主观性，且这两种方法很难反映灾害系统中各要素的联系和灾害演变过程，无法展现复杂灾害系统的动态性（胡恒智 等，2018；李超超 等，2020）；基于情景模拟的方法需要较为精细的地理信息和社会经济数据，通常运用遥感和 GIS 技术构建洪水淹没模拟和灾害损失模型，实现对灾害风险的动态评估，是灾害风险评估研究的主流方向。近年来，人工神经网络、支持向量机、决策树、随机森林等机器学习方法（Lee et al.，2017；Dano et al.，2019；Zhu et al.，2021；Li et al.，2019；刘扬 等，2020）与 GIS 技术结合，可以更准确地识别和评估洪水易发区，也成为洪水灾害风险评估的新兴方法。

上述风险评估研究中多数以致灾危险性直接作为风险指标或者以历史时期某一年份的静态社会经济数据开展承灾体的暴露度和脆弱性分析，较少结合动态社会经济情景评估洪水灾害风险。

1.3　研究目标

本研究以雄安新区上游中小河流洪水为研究对象，以水文气象观测资料、气候模式和基础地理信息等为基础数据，采用水文模型与水动力模型相结合、机器学习、统计分析等方法构建流域分级洪水预警指标体系，并以典型历史洪水过程数据进行预警指标验证；通过构建经济损失率脆弱性曲线，结合历史时期和未来雄安新区动态人口经济预估情景，开展雄安新区上游中小河流洪水的经济损失风险评估。研究结果将直接支撑河北省气象灾害防御决策指挥平台的业务服务，实现面向雄安新区上游中小河流洪水灾害的精细化的气象灾害风险管理，为政府防灾减灾救灾提供决策依据，有效提升防灾减灾救灾的针对性和防御指挥决策能力。

1.4　总体技术路线

总体技术路线如图 1-1。

具体实施步骤如下：

①收集流域观测的水文和气象数据、CMIP6 气候模式数据、基础地理信息数据、社会经济以及灾情数据，并对数据进行质量控制、均一性检验和偏差订正等作预处理，建立格式规范的数据库。

②采用水文模型、机器学习和统计模型等多种方法，构建雄安新区上游中小河流包括潴龙河、南拒马河、白沟河、唐河、清水河、漕河、瀑河、府河、萍河、孝义河 10 条支流的降水—径流关系。

③基于 10 条支流的水文特征，确定分级洪水影响预警的致灾流量，结合水文模型、机器学习和统计模型等多种方法，构建各支流降水—径流关系，建立 10 条支流的分级洪水影响预警的面雨量指标体系。

④采用雄安新区人口和经济统计数据，本地化人口—发展—环境分析（PDE）模型

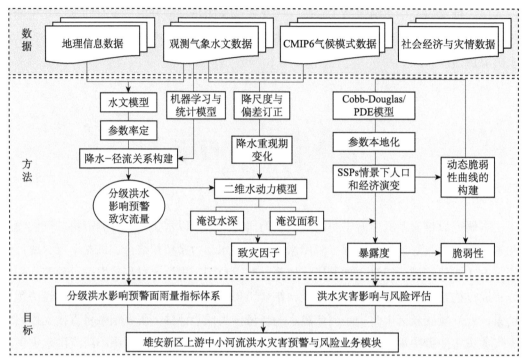

图 1-1   总体技术路线

的生育率、死亡率、迁移率和教育水平参数以及柯布—道格拉斯（Cobb-Douglas）经济生产函数模型的劳动力参与率、资本投入和全要素生产率等参数，预估共享社会经济路径下雄安新区的人口和 GDP 变化。

⑤基于雄安新区历史洪水灾害直接经济损失数据和降水资料，采用统计模型构建直接经济损失动态脆弱性曲线。

⑥将 10 条支流的分级洪水致灾流量输入 FloodArea 水动力模型，模拟分级预警洪水造成的淹没范围和水深变化，评估洪水致灾因子的危险性。

⑦将洪水淹没范围和水深与人口、经济和土地利用等社会经济数据叠加，评估不同承灾体的暴露度。

⑧结合暴露于洪水影响范围内的经济价值和直接经济损失脆弱性曲线，评估经济损失脆弱性。

⑨统计未来致灾事件发生的概率，综合危险性、暴露度和脆弱性评估洪水灾害风险。

1.5　本书概述

本书主要阐述洪水灾害影响预警和风险评估的基础理论及主要方法，并以雄安新区上游中小河流域为研究区开展应用实践。全书共 7 章，主要内容如下：

第 1 章影响预警与风险评估的研究意义，主要介绍洪水灾害影响预警和风险评估的研究意义、国内外研究进展以及雄安新区洪水灾害预警和风险评估项目的研究目标及总体技术路线。

第 2 章雄安新区概述，主要从雄安新区的自然地理环境、社会经济概况、历史时期和未来气候变化特征、历史洪水灾害演变和应对洪水灾害的规划建设等方面开展论述。

第 3 章影响预警与风险评估数据，主要介绍开展洪水灾害影响预警和风险所需要的观测气象水文数据、气候模式数据、社会经济与灾情数据、地理信息数据等。

第 4 章影响预警与风险评估方法，主要介绍水文模拟方法、统计回归方法、机器学习方法、概率分布方法、基流分割方法、脆弱性曲线构建方法和风险评估模型等。

第 5 章雄安新区洪水灾害人口经济承灾体变化预估，主要从共享社会经济路径的概念入手，详细介绍了共享社会经济路径下洪水灾害人口经济承灾体的变化预估方法，分析未来人口经济的变化趋势，并对人口经济数据进行网格化处理。

第 6 章影响预警指标体系，主要从洪水灾害影响预警致灾流量确定、降水 — 径流关系构建、影响预警面雨量阈值建立和验证等方面详细阐述影响预警指标体系建立的步骤和方法。

第 7 章洪水灾害风险评估，主要评估了不同中小河流分级预警洪水对雄安新区的社会经济影响、流域多支流遭遇强降水过程对雄安新区的影响与风险，以及未来气候变化条件下不同重现期降水造成的雄安新区洪水灾害风险。

第 2 章

雄安新区概述

2.1　自然地理环境

雄安新区是 2017 年 4 月 1 日成立的河北省管辖的国家级新区，由容城县、安新县、雄县和周边部分村镇（其中，高阳县的龙化乡由安新县托管，任丘市的鄚州镇、苟各庄镇和七间房乡均由雄县托管）组成，总面积约 1770 km²。雄安新区地处河北省保定市东部、大清河水系冲积扇上，属太行山麓平原向冲积平原的过渡带（图 2-1）。全境西北较高，东南略低，海拔为 7～19 m，自然纵坡 1‰ 左右，为缓倾平原，土层深厚，地形开阔，植被覆盖率很低，境内有多处古河道（侯春飞 等，2021）。

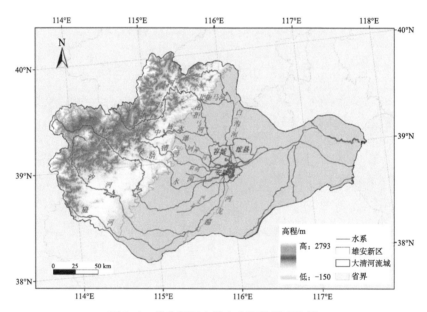

图 2-1　雄安新区上游中小河流地理位置

雄安新区上游中小河流系大清河水系，位于海河流域的中部。大清河水系是海河水系五大支流之一，西起太行山区，东至渤海湾，北界永定河，南临子牙河，流域面积为 4.31 万 km²，其中山区占 42%、丘陵占 10%、平原占 48%，山区高程为 500～2200 m（1985 国家高程基准，下同），丘陵区高程 100～500 m，大致分布在京广铁路西侧 10～40 km 处，平原区高程在 100 m 以下，下游滨海区高程约 1 m（河北省水利厅，2009）。流域地处温带半干旱大陆性季风气候区，年平均气温 11.0～13.3 ℃，多年平均降水量 350～780 mm。由于地形陡峻，土层覆盖薄，植被差，众多支流河道源短流急，汇流时间很短，洪水陡涨陡落，洪峰高、历时短，洪量非常集中。

大清河水系由上游南、北两支和中游地区的白洋淀、东淀等蓄滞洪区构成（图 2-1）。上游北支为白沟河水系，主要支流有南拒马河、北拒马河、小清河、琉璃河、中易水、北易水等，其中拒马河最大，在张坊镇分流为南、北拒马河，小清河、北拒马河在东茨村汇流后称白沟河，南拒马河在北河店纳入中易水后，在白沟镇与白沟河汇流。白沟河与南拒马河在白沟镇汇合后，始称大清河。在此以下大部分洪水由新盖房分洪道入东淀，少量经白沟引河入白洋淀。上游南支为赵王河水系，主要支流有萍河、瀑河、漕河、府河、唐河、孝义河、潴龙河等，其中唐河及潴龙河较大，各河均汇入白洋淀。南支洪水经白洋淀调蓄后，由赵王新渠入东淀。东淀以下分别经独流减河和海河干流入海。东淀、文安洼、贾口洼为大清河中游洼淀，汛期用于缓洪蓄洪，减轻下游洪水威胁。南、北两支水系在东淀汇合经调蓄后由独流减河和海河干流入海（白洋淀国土经济研究会，1987；李彦东 等，1998；杨大卓，2003；于京要，2010）。

雄安新区上游主要中小河流概况如下（河北省水利厅，2009）。

拒马河：源出涞源县西部、凤凰山东南麓，海拔 2086 m。东流折向南流，流域地势西北高、东南低，河道曲折，河槽宽浅。中、上游山地丘陵区支流发育。

南拒马河：位于河北省境中部，上游为拒马河，为河北省内唯一一条不中断的河流，自涞水县满金峪村北铁锁崖以下分为两支，以居南得名南拒马河。流经定兴、容城两县，至高碑店市白沟镇与兰沟、白沟二河汇流后汇入大清河。全长 69 km，河宽 100～200 m。平时流量 15 $m^3 \cdot s^{-1}$，最大行洪流量 4640 $m^3 \cdot s^{-1}$。

白沟河：海河支流大清河的北支下段，上段为拒马河，中段为北拒马河。发源于涞源县，经涞水、北京市房山区至涿州市东北部码头镇称白沟河。白沟河全长 53 km，向南流经高碑店，至白沟镇与南拒马河会合后，称大清河。

唐河：源出山西省浑源县南部，泽青岭东麓。东流折向南流，经山西省灵丘县红石汇入河北省境内，在河北省安新县注入白洋淀。多年平均流量为 23.8 $m^3 \cdot s^{-1}$，全长 273 km，流域面积 4990 km^2。1972 年在干流河道上建成西大洋水库，总库容量 10.8 亿 m^3，灌溉面积 646.67 km^2。中、上游流经丘陵山区，支流发育。

潴龙河：在河北省境内，上游沙河、磁河、孟良河于安国市军诜村北汇流后，始称潴龙河，向东北流经安平县、博野县、蠡县、高阳县，至安新县高楼村北注入马棚淀。全长 72.27 km，流域面积 9430 km^2，河口宽 250～500 m。潴龙河为季节性河流，含沙量较大，河上建有分洪道，主河道两岸有堤防，堤距 550～4000 m，其右堤即千里堤，为国家级重点堤防。

漕河：发源于易县与涞源县交界处的五回岭，在安新县迪城东入白洋淀，流经河北省易县、满城、徐水、安新等县（区），流域面积 800 km^2，河道长度为 120 km。

瀑河：大清河水系南支支流，发源于易县狼牙山东麓，至安新县寨里乡寨里村入白洋淀，流域面积为 545 km^2，河道长度为 73 km。

清水河：唐河左岸支流，发源于河北省易县白银洼，河长 112.75 km，流域面积

2122.4 km²。

府河：大清河水系南支之一，发源于河北省满城县一亩泉村，至清苑县木栉庄入白洋淀，全长 30.83 km，流域面积 643.2 km²，地势没有明显起伏，多年平均径流量 0.59 亿 m³，水灾是当地沥水所致的。

萍河：大清河水系南支排沥河道，因河中自然生长浮萍而得名，发源于定兴县西南的南幸村，至安新县王庄入白洋淀，流域面积 440 km²，干流总长 30 km。

孝义河：大清河南部一条支流，全长 77.2 km，流域面积 1262 km²，为排沥河道，排沥标准为 5 a 一遇，设计过水能力为 29～95 m³·s⁻¹。当潴龙河、唐河决口或分洪时，又起泄洪作用，始于河北省安国市马家庄，经高阳县拥城入白洋淀。

雄安新区上游中小河流流域土壤主要为褐土，尤其是山地棕褐土分布较广，其次是山地棕壤、山地淋溶褐土、山地粗骨土。黄土丘陵及河谷盆地为褐土、草甸褐土。山地土壤的垂直分布自山底为耕作褐土、山地褐土、山地棕褐土、山地粗骨土。流域植被分布在 1600 m 以上为华北落叶松、云杉、桦树，800～1600 m 为油松、辽东栎、榆栎，800 m 以下主要是杨、柳、榆、槐、山杏，在沟谷缓坡上多柿、枣、花椒、黑枣和苹果、梨、杏等。2020 年，流域土地利用类型以耕地为主，约占总面积的 39.3%，其次是草地和林地，分别占总面积的 23.1% 和 21.7%（图 2-2）。流域地下水为片麻岩的裂隙水，吴王口、炭灰铺两个构造盆地，含水层为寒武系、奥陶系灰岩，其次为侏罗系火山岩，盆地内泉水较丰富，中部灵山盆地，以岩溶水为主，其次是第四纪空隙水，中寒武系的厚层鲕状灰岩，是一个良好含水层，东部满城至易县为低山丘陵裂隙岩溶水，震旦系分布最广，是良好的含水层。寒武系、奥陶系主要是白云质灰岩，均为良好的含水

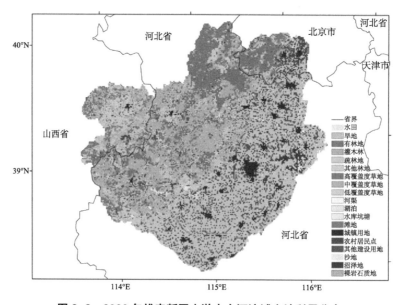

图 2-2　2020 年雄安新区上游中小河流域土地利用分布

层，前者埋深 20～50 m，后者埋深 4～14 m，第四纪松散地层内含有丰富的空隙潜水，埋深 5～10 m（于静，2008）。

2.2　社会经济概况

2021 年末，雄安新区三县（容城、安新和雄县）常住总人口 131 万人，人口密度约为 741 人·km^{-2}，其中，容城县常住人口为 28.8 万人；安新县常住人口为 51.9 万人；雄县常住人口为 50.3 万人。

2021 年末，雄安新区三县国内生产总值（GDP）为 3046779 万元，约占保定市 GDP 的 12.7%，人均 GDP 约为 23258 元，其中容城县 GDP 最高为 1142359 万元，其次，雄县 GDP 为 1029211 万元，安新县 GDP 最低，为 875209 万元，三县 GDP 在全国 2000 多个县中位列 1300～1500 名，经济发展水平较低。

2.3　气候特征

2.3.1　1961—2022 年气温与降水变化

1961—2022 年，雄安新区上游中小河流域年平均气温约为 12.2 ℃，以 0.29 ℃·(10a)$^{-1}$ 的升温速率呈波动上升趋势（图 2-3a），区域平均气温最低为 10.7 ℃，出现在 1969 年，平均气温最高为 13.6 ℃，出现在 2017 年。1961—2022 年，雄安新区上游中小河流域多年平均降水量约 520.1 mm，呈微弱增加趋势，增加速率为 0.04 mm·(10a)$^{-1}$，并且流域受大气环流周期性变化影响，具有丰水期和枯水期交替出现的规律。1961—1964 年总体处于丰水期，期间平均年降水量比多年平均值多 23%；1965—1979 年总体处于平水期，其平均年降水量与多年平均值基本持平（2%）；1980—2019 年总体处于枯水期，其平均年降水量比多年平均值略低（3%）；2020—2022 年总体处于丰水期，其平均年降水量比多年平均值大 25%（图 2-3b）。

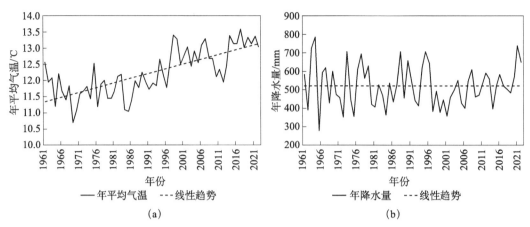

图 2-3　1961—2022 年雄安新区上游中小河流域年均气温（a）与年降水量（b）变化

空间上，雄安新区上游中小河流域年平均气温呈现西北到东南逐渐升高的格局
（图 2-4），气温变化范围为 7.6～13.0 ℃，流域山区年平均气温在 11 ℃以下，平原区年
均气温在 12 ℃以上。多年平均降水量总体呈现由西南到东北递增的趋势，西南部地区
年降水量均在 500 mm 以下，东北部地区约为 530 mm 以上。

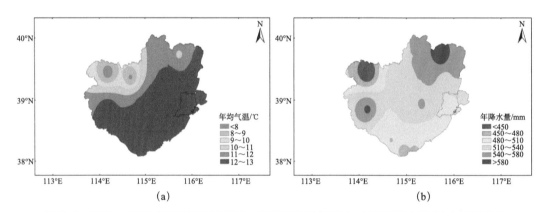

图 2-4　1961—2022 年雄安新区上游中小河流域年均气温（a）和年降水量（b）空间分布

2.3.2　未来气温与降水变化趋势

基于国际耦合模式比较计划第 6 阶段（CMIP6）的 5 个全球气候模式（表 2-1），
这些模式均包含 1850—2014 年的模拟数据和 7 个情景（SSP1-1.9、SSP1-2.6、SSP2-
4.5、SSP3-7.0、SSP4-3.4、SSP4-6.0、SSP5-8.5）下 2015—2100 年的预估数据。本研究
主要考虑 SSP1-2.6、SSP2-4.5、SSP3-7.0、SSP5-8.5 情景，分析 2023—2050 年雄安新区
上游中小河流域气温和降水变化。

基于多模式集合平均结果可见，年平均气温均呈上升趋势（图 2-5a）。相对于基准
期 1995—2014 年，在 SSP1-2.6、SSP2-4.5、SSP3-7.0、SSP5-8.5 情景下，2023—2050

年年平均气温分别增加 1.11 ℃、1.30 ℃、1.35 ℃、1.76 ℃，增加速率随着辐射强迫的增加而增加。

2023—2050 年，除 SSP3-7.0 情景下降水呈下降趋势（图 2-5b），为 -23.7 mm·(10a)$^{-1}$，其余情景下降水均呈上升趋势，增加速率分别为 28.7 mm·(10a)$^{-1}$（SSP1-2.6）、36.1 mm·(10a)$^{-1}$（SSP2-4.5）、26.1 mm·(10a)$^{-1}$（SSP5-8.5）。相对于基准期 1995—2014 年，2023—2050 年 SSP1-2.6、SSP2-4.5、SSP3-7.0、SSP5-8.5 情景下平均降水量分别增加 8.5%、11.3%、14.5%、15.8%。

表 2-1　CMIP6 中 5 个全球气候模式的基本信息

模式名称	研发单位	原始空间分辨率 /°	降尺度后空间分辨率 /°
CanESM5	加拿大环境部	2.8×2.8	
CNRM-ESM2-1	法国国家气象研究中心	1.4×1.4	
IPSL-CM6A-LR	法国皮埃尔—西蒙拉普拉斯研究所	2.5×1.2676	0.5×0.5
MIPOC6	日本海洋—地球科学技术研究所	1.4063×1.4	
MRI-ESM2-0	德国普朗克气象研究所	1.125×1.12	

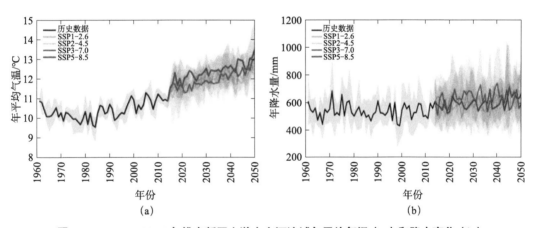

图 2-5　2023—2050 年雄安新区上游中小河流域年平均气温（a）和降水变化（b）

空间上（图 2-6～图 2-7），2023—2050 年雄安新区上游中小河流域气温相对于基准期（1995—2014 年）在中部地区变化明显（图 2-6），在 SSP1-2.6、SSP2-4.5、SSP3-7.0、SSP5-8.5 情景下，雄安新区上游中小河流域平均温度增加约为 1.20 ℃、1.34 ℃、1.29 ℃、1.75 ℃，且上升幅度随辐射强迫的增加而增加。2023—2050 年雄安新区上游中小河流区域降水变化总体呈上升趋势，较为明显的区域主要集中在西北部，SSP1-2.6、SSP2-4.5、SSP3-7.0、SSP5-8.5 情景下降水变化相对于基准期（1995—2014 年）增加 12.82%、17.90%、20.8%、14.1%。其中在 SSP3-7.0 情景下，流域西北部地区相对增加 20% 以上（图 2-7）。

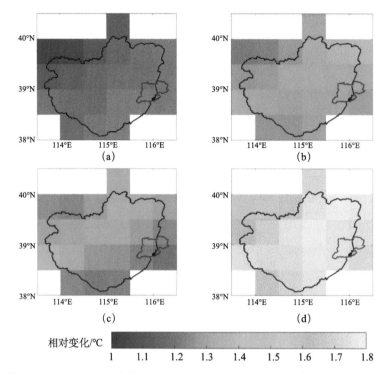

图 2-6　2023—2050 年雄安新区上游中小河流域气温相对变化的空间分布
（a~d 依次为 SSP1-2.6、SSP2-4.5、SSP3-7.0、SSP5-8.5）

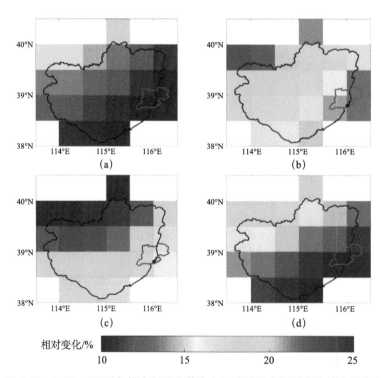

图 2-7　2023—2050 年雄安新区上游中小河流域降水相对变化的空间分布
（a~d 依次为 SSP1-2.6、SSP2-4.5、SSP3-7.0、SSP5-8.5）

2.4　历史洪水灾害特征

在 1715—2016 年的 300 余年间雄安新区共发生洪涝灾害 139 次，平均每 2～3 a 发生 1 次，其中灾情最为严重的特大洪涝灾害发生 4 次，平均每 76 a 发生 1 次，发生年份分别为 1738 年、1801 年、1892 年和 1963 年。在年代际尺度上，1796—1827 年、1886—1898 年和 1948—1965 年 3 个时期洪涝灾害发生频繁且灾情严重（郝志新 等，2018），20 世纪中期后，是洪灾发生频次较少的时段。近 70 a 来有记录的典型洪水灾害年有 1963 年、1996 年、2012 年和 2016 年。

"63·8"洪水。1963 年 8 月 2—13 日，大清河系普降大雨，持续时间 12 d，暴雨总量达 165.3 亿 m³（刘克岩，1998）。这场暴雨的特征是持续时间长、中心移速慢、雨量强度空前、过雨面积广，为 50 a 一遇的特大暴雨。大清河流域的南支暴雨中心位于大清河上游保定、望都以西山区、顺平县司仓，7 d 降水量为 1303 mm，其北支暴雨中心在易水安各庄水库上游，降水量为 1111 mm。本次暴雨大于 600 mm 的笼罩面积为 2900 km²（寇利敏，2016）。白洋淀水位于 8 月 9 日下午开始暴涨，9 日、10 日先后运用周围洼淀蓄滞洪水，11 日 15 时水位涨至 11.31 m。为保卫千里堤安全，先后在小关、榕花树向文安洼、溢流洼分洪。14 日 15 时白洋淀十方院水位 11.58 m，相应蓄水量 37.85 亿 m³，白洋淀水位高于 11.0 m 时段超过 13 d 之久。保定市区除东大街和西大街附近及少数较高地势外，均被洪水淹没，淹没面积达到 1230 km²，平均水深 1～2 m。西部山区的强降雨导致山洪暴发，刘家台水库崩决，大水顺河而下，涌泄至保定市区。保定城沦为水泽之地，一片汪洋，电信中断，市内交通要道严重损坏，工厂全部停产。市区死亡 31 人，重伤 118 人，死伤牲畜 81 头，倒房 543 万间，损坏房 24223 间，损失物资折款 841.6 万元，城区 8.43 万人无居处，受灾面积 966 hm²，减产粮食 742.5 万 kg。满城损坏房屋 80717 间，死亡 245 人，伤 1867 人，死伤牲畜 15379 头，冲毁耕地 2235 hm²（臧建升 等，2008）。

"96·8"洪水。1996 年 8 月，大清河暴雨主要天气过程历时不到 5 d，暴雨总量达 298 亿 m³（温玲 等，2019）。其中 8 月 2—3 日有间断小雨，4 日 07 时后降雨由南向北逐渐增大，5 日午后基本结束。其暴雨中心在保定西部中易水安各庄水库降雨量达 326 mm。大清河系太行山迎风坡普降特大暴雨，横山岭、口头水库及安各庄水库附近，涿州、涞水、定兴、固安一带降雨量超过 200 mm。大清河系大于 200 mm 的笼罩面为 2464 km²（颜菲阅，2013）。此次暴雨导致山洪暴发，河水猛涨，拒马河由于上游无水库控制、源短流急、山高坡陡，洪水下泄迅猛。保定市受灾特点：一是范围大，二是点多分散，三是损失严重。全市受灾 22 个县 181 个乡 2231 个村，受灾面积 28.47 万 hm²，成灾面积 23.77 万 hm²，绝收面积 8.26 万 hm²。受灾人口 442.25 万人，成灾人口 368.69 万人，死亡 40 人，被围村庄 98 个，被困人口 14.8 万人，倒塌房屋 3.77 万间，损坏房屋 12.66 万间，损失粮食 188 万 kg，减产粮食 4.45 亿 kg，死亡大牲畜 3400 头，缺粮人口 122.13 万人，缺粮 14885.4 万 kg，农业经济损失 16.3 亿元，直接经济损失 33.9 亿元（臧建升 等，2008）。

"12·7" 洪水。大清河 "7·21" 暴雨起自 2012 年 7 月 21 日 0 时，止于 7 月 22 日 0 时，历时 24 h，暴雨总量达 135 亿 m³（温玲 等，2019）。7 月 21 日 19 时 10 分，南拒马河洪水到达落宝滩，7 月 22 日 08 时，最大洪峰到达落宝滩，峰值 2510 m³·s⁻¹。22 日 10 时，琉璃河洪水到达东茨村，23 时，琉璃河最大洪峰到达东茨村，峰值 404 m³·s⁻¹。7 月 23 日 04 时 30 分，南拒马河洪水到达北河店，23 日 15 时 35 分，白沟河洪水到达新盖房枢纽引河闸，23 日 17 时 35 分，南拒马河最大洪峰到达北河店，峰值 118 m³·s⁻¹。24 日 18 时，白沟河最大洪峰到达新盖房枢纽，峰值 217 m³·s⁻¹。7 月 24 日 05 时，洪水经白沟引河下口涌入白洋淀（颜菲阅，2013）。其特点是峰高、降水量集中，降雨量超过 250 mm 的暴雨中心主要有两个：一个是涞源一带；一个是涞水—北京房山—固安一带。中心最大雨量为 398 mm，位于北京房山区霞云岭；其次为 378 mm，位于保定涞源县王安镇。大清河系内降雨量大于 300 mm 的笼罩面积为 1086 km²（寇利敏，2016）。"7·21" 特大洪涝灾害是自 1963 年以来保定市发生的致灾性最强、损失最惨重、基础设施破坏最严重的一次特大自然灾害。保定全市受灾人口超过 80 万人，因灾死亡 26 人、失踪 20 人。房屋倒塌 11520 间，其中涞源县所有 18 个乡（镇、办事处）全部受灾。全市农作物受灾总面积 57 万亩*，其中绝收 5 万亩，直接经济损失 70 亿元以上（丁咏静，2012）。

"16·7" 洪水。2016 年 7 月 19 日开始，河北由南向北遭遇特大暴雨袭击，来势之猛、强度之大、范围之广、损失之重历史罕见。暴雨中心为北京市房山区南窖站，降水量为 335 mm，涿州市区为 243 mm，高碑店市樊庄站为 241 mm。本次降雨过程共历时 56 h，持续时间较短，受灾最重的邯郸、邢台、石家庄 3 市强降雨持续时间均小于 30 h。降水大值区沿太行山呈南北向带状分布，暴雨高值带分布在地面高程 200～500 m 的太行山东侧迎风坡，邯郸、邢台、石家庄等太行山半高山局部地区降雨超过 600 mm，井陉、赞皇、磁县、平山、易县降雨超过 700 mm。全省除张家口外，其余 10 市普降大暴雨，100 mm 以上笼罩面积达到 11.4 万 km²，200 mm 以上笼罩面积达 8400 km²（张鹏，2017）。本轮强降雨造成保定市 22 个县（市、区）共 157 个乡镇遭受不同程度洪涝灾害，112.6 万人受灾，因灾死亡 2 人，紧急转移安置 3520 人；全市农作物受灾面积 8.9 万 hm²，绝收面积 2055.9 hm²，房屋倒塌 842 间，房屋严重损坏 5271 间，房屋一般损

---

　*　1 亩 ≈ 666.67 m²，下同。

坏 6714 间，直接经济损失 6 亿元（吕子豪 等，2016）。

2.5　应对洪水灾害规划

根据《河北雄安新区规划纲要（2018—2035 年）》，雄安新区规划建设用地占总面积的 30%，由绿植水体构成的"蓝绿空间"占 70%，其中水体占 30%，绿植占 40%。具体来说，新区规划耕地占 18%，其中永久基本农田占 10%；水面率大于 26%；人均城市绿地面积 20 m² （图 2-8）。

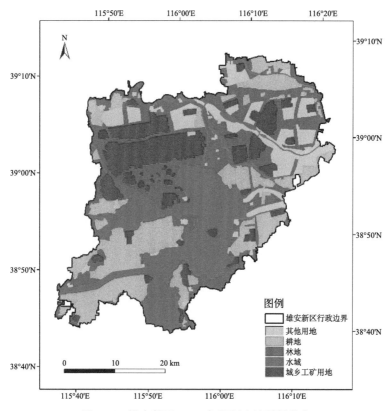

图 2-8　雄安新区 2035 年规划土地利用分布

起步区城市设计力求形成"一方城、两轴线、五组团、十景苑、百花田、千年林、万顷波"的空间意象。起步区防洪标准为"200 a 一遇"，5 个外围组团防洪标准为"100 a 一遇"，其他特色小城镇防洪标准原则上为"50 a 一遇"，采用"蓄、疏、固、垫、架"的方式进行防洪；起步区内涝防治标准整体为"50 a 一遇"，5 个外围组团内涝防治标准为"30 a一遇",其他特色小城镇为"20 a一遇",构建"北截、中疏、南蓄、适排"的排水防涝格局。

白洋淀是雄安新区内部重要生态水体,规划到 2035 年,淀区面积达 360 km²,年入淀水量为 3 亿 m³,正常水位 6.5~7.0 m(表 2-2)。

表 2-2 雄安新区部分指标及 2035 年目标

指标	2035 年目标
全社会研究与试验发展经费支出占 GDP 比重	6%
基础研究经费占全社会研究与试验发展比重	18%
科技进步贡献率	80%
公共教育投入占 GDP 比重	≥5%
数字经济占城市 GDP 比重	≥80%
起步区绿化覆盖率	≥50%
城市绿道总长度	300 km
用水总量	6.5~7.5 亿 m³
雨水年总径流总量控制率	≥85%
平均受教育年限	13.5 a
规划建设区人口密度	10000 人·km⁻²
起步区路网密度	10~15 km·km⁻²
起步区绿色出行比例	≥90%
人口密度（按建设用地）	1 万人·km⁻²
人均公共文化服务设施建设	0.8 m²
人均公共体育用地	0.8 m²
人均应急避难场所面积	2~3 m²
千人医疗卫生机构床位	7.0 张
韧性安全、供水保障率	≥97%
供电可靠率	99.99%

2.6　小结

　　本章从自然地理环境、社会经济、气候特征、历史洪水灾害特征和应对洪水灾害规划等方面概述了雄安新区基本状况。雄安新区地处河北省保定市东部、大清河流域腹地，属暖温带大陆性季风气候，四季分明，年平均气温 11.0～13.3 ℃，多年平均降水量 350～780 mm，1961—2022 年雄安新区气温和降水均呈现上升趋势，预计未来 2023—2050 年气温和降水的增加趋势持续。18 世纪以来，雄安新区频繁遭受上游中小河流洪水影响，平均每 2～3 a 发生 1 次，社会经济影响严重。2021 年末，雄安新区常住人口约 131 万人，国内生产总值（GDP）为 304 亿元，经济发展水平较低。

第 **3** 章

影响预警与风险评估数据

3.1　气象数据

3.1.1　观测数据

气象观测数据包括 1961—2022 年大清河流域 61 个国家基准、基本气象站和一般气象站的逐日降水量、平均气温、最高气温、最低气温等（图 3-1），对数据进行均一性检验，剔除不合格的数据，优化数据质量。

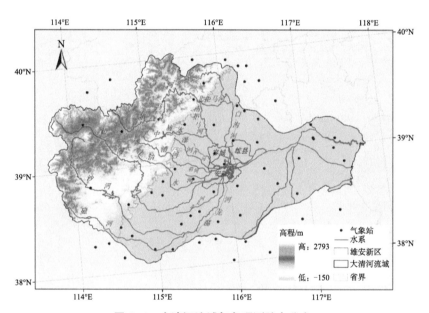

图 3-1　大清河流域气象观测站点分布

3.1.2　气候模式数据

经过近 30 a 的发展，气候模式已广泛应用于未来气候变化及其影响的相关研究中。国际耦合模式比较计划（CMIP）为气候模式提供了标准化的试验框架，构建了最为完善的气候模式资料库，现已发展到第 6 阶段（CMIP6）。CMIP6 将共享社会经济路径与典型浓度路径相结合，构建了 7 个 SSPs 新情景（SSP1-1.9、SSP1-2.6 和 SSP4-3.4 代表低强迫情景；SSP2-4.5 和 SSP4-6.0 代表中等强迫情景；SSP3-7.0 和 SSP5-8.5 代表高强迫情景）。

　　截至 2022 年，CMIP6 已有 52 个全球气候模式，本研究选取包含完整 SSPs 情景的 5 个气候模式（CanESM5、CNRM-ESM2-1、IPSL-CM6A-LR、MIPOC6 和 MRI-ESM2-0）输出的逐日气温、降水数据。模式数据时间尺度为 1850—2100 年，其中 1850—2014 年为历史试验期，2015—2100 年为不同情景下的预估期。为了与气象观测数据时段一致，气候模式数据的历史模拟数据选取 1961—2014 年，未来预估数据选取 2023—2050 年。

　　全球气候模式的分辨率通常较粗，难以满足气候变化对水资源影响评估工作需求，需要采用降尺度方法来获取小尺度或局地气候变化情景预估信息。本研究采用统计降尺度的方法获取高分辨率流域未来气候变化数据集。统计降尺度的过程主要分为统计偏差订正和空间解集两步。

（1）统计偏差订正

　　统计偏差订正是建立历史时期模型输出的模拟结果与观测结果间的统计关系或转换函数，用来推断模型预估的未来实测轨迹。采用等距离累积分布函数匹配（Equidistant Cumulative Distribution Functions，CDF）法，首先建立实测、模拟、预估数据的累积概率分布函数（CDF），计算未来的某一值对应的累积概率，并假定在此累积概率下对应的实测和模拟值的差值在未来时段保持不变，最终通过这一差值达到对未来预测值的纠正（图 3-2）。公式如下：

$$x_{\text{m-p.adj}} = x_{\text{m-p}} + F_{\text{o-c}}^{-1}\left[F_{\text{m-p}}(x_{\text{m-p}})\right] - F_{\text{m-c}}^{-1}\left[F_{\text{m-p}}(x_{\text{m-p}})\right] \tag{3.1}$$

式中，x 为变量值；F 为累积概率分布函数；o-c 代表基准期实测；m-c 代表基准期模拟；m-p 代表预估期模拟；$x_{\text{m-p.adj}}$ 为预测值的纠正结果。四参数贝塔分布适用于温度场，混合伽马分布适用于降水场。

　　适用于气温的四参数贝塔分布函数为：

$$f(x; a, b, p, q) = \frac{1}{B(p,q)(b-a)^{p+q-1}}(x-a)^{p-1} \times (b-x)^{q-1} \tag{3.2}$$

$$a \leqslant x \leqslant b; \quad p, \quad q > 0 \tag{3.3}$$

式中，B 为 beta 函数；a、b 为范围参数，通过数据集的最大值加一个标准差和最小值减一个标准差获得；p、q 为形状参数，通过最大似然法的估算来获得。

　　降水的累积概率分布函数为：

$$P(x) = (1-k)h(x) + kF(x) \tag{3.4}$$

式中，k 是降水月数的比重，降水时 $h(x)$ 为 1，不降水时 $h(x)$ 为 0；$F(x)$ 是降水序列的累积概率分布（二参数伽马分布）。

　　二参数伽马分布函数为：

$$f(x; k, \theta) = x^{k-1} \frac{e^{-x/\theta}}{\theta^k \Gamma(k)} \quad\quad （3.5）$$

$$x > 0; \quad k, \quad \theta > 0 \quad\quad x > 0; \quad x, \quad \Gamma(k) > 0 \quad\quad （3.6）$$

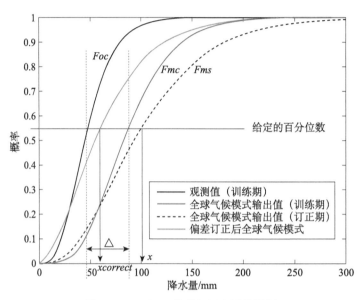

图 3-2　EDCDF 偏差订正方法的演示

（2）空间解集

空间解集（SD）主要分 5 个步骤：①利用高分辨率资料获取气候态分布；②将高分辨率的观测气候态升尺度到与模式相对应的网格；③将模式与升尺度的观测资料相除获取修正因子；④利用双线性插值法将修正因子插值到高分辨率的原始观测资料网格；⑤通过插值后的修正因子与高分辨率观测气候态运算，获得高分辨率的降尺度结果。

对于空间某一格点 i 和某一年份 j，①计算气候态 x_{ij}（30 a 观测气温、降水的平均值）；②将 x_{ij} 插值到各 GCM 的空间分辨率上，用 xl_{ij} 代表与各个 GCM 空间分辨率相一致的实测插值结果；③计算权重系数 r（气温：$r\_t_{ij} = GCM\_T_{ij} - xl_{ij}$，降水：$r\_p_{ij} = GCM\_P_{ij} / xl_{ij}$）；④将气温、降水的权重系数插值到较高的分辨率上，插值的结果分别命名为 $r\_t\_interp_{ij}$ 和 $r\_p\_interp_{ij}$；⑤观测的格点气温数据加上 $r\_t\_interp_{ij}$，观测的格点降水数据乘以 $r\_p\_interp_{ij}$，即为空间某一格点 i 和某一年份 j 的降尺度数据。

图 3-3 是 5 个气候模式气温（a1～e1）和降水（a2～e2）偏差订正前后与观测值的比较，可见经过偏差订正和降尺度后，模式数据能较好地反映观测数据特征。

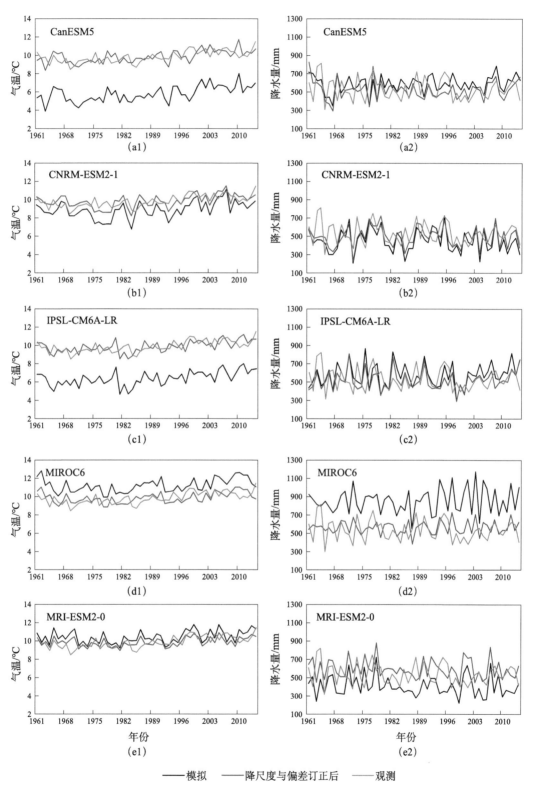

图 3-3　全球气候模式气温（a1～e1）和降水量（a2～e2）与观测值的比较

3.2 水文水利数据

水文水利数据包括大清河流域水文站流量和水位数据、水库基本信息、水库入库流量和水位以及主要行洪河道行洪能力。

流量和水位数据包括大清河流域东茨村等 10 个水文站点的逐日流量和水位数据（表 3-1），以及 16 次典型历史洪水事件过程降雨和径流数据（表 3-2）。

表 3-1   水文站日径流和水位数据起止时间

站点名称	起始时间 / 年	终止时间 / 年
东茨村	1951	2017
石门	1956	1971
紫荆关	1950	1955
北河店	1961	2017
落宝滩	1954	1970
北郭村	1951	2017
阜平	1958	1965
倒马关	1957	1972
西大洋	1963	1975
王快	1960	1976

表 3-2   历史洪水事件发生时间

序号	暴雨发生时间	序号	暴雨发生时间
1	1956 年 8 月 3—6 日	9	1982 年 7 月 30 日—8 月 7 日
2	1958 年 7 月 10—11 日	10	1988 年 8 月 4—7 日
3	1959 年 7 月 29 日—8 月 4 日	11	1996 年 8 月 2—6 日
4	1963 年 8 月 4—8 日	12	1997 年 7 月 3 日
5	1964 年 8 月 10—15 日	13	2000 年 7 月 4—7 日
6	1967 年 8 月 3—6 日	14	2004 年 8 月 11—15 日
7	1978 年 8 月 26—30 日	15	2012 年 7 月 21—22 日
8	1979 年 8 月 15 日	16	2016 年 7 月 19—21 日

　　水库基本信息包括雄安新区上游 14 座大中型水库名称、所在地（市、县、乡）、工程规模、工程等别、高程基准面、所在河流、主体工程开工时间、竣工验收时间、校核洪水位、设计洪水位、防洪高水位、总库容、防洪库容、调节库容等信息。

　　水库入库流量和水位数据包括横山岭、安各庄、口头和龙门 4 个水库 2009—2019年汛期 6—9 月逐日入库流量和水位。

　　主要行洪河道行洪能力包括雄安新区上游主要行洪河道的现状流量、设计流量、历史洪水流量等信息（表 3-3）。

表 3-3　主要行洪河道行洪能力信息

河名	河长 /km	流域面积 /km²	设计标准		现状泄量 /（m³·s⁻¹）	历史洪水 /（m³·s⁻¹）	
			重现期 /a	设计流量 /（m³·s⁻¹）		"63·8"	"96·8"
潴龙河	75	9430	50	5700	2000	5380	430
白沟河	57.3	—	100	4200	2000	2790	900
新盖房分洪道	31	10154	100	5500	2500	3300	1100
南拒马河	32.7	—	200	7400	3500	4770	1230
沙河	55	5560	20	3560	1000	—	—
唐河	37.1	4993	20	1190	500	—	300
新唐河	23.3		20	3500	2500	—	300
磁河	85.1	2100	10	1120	800	—	—
清水河	40.2	2122	20	2500	300	—	—
陈村分洪道	28	—	20	1900	800	1040	—
漕河	24.6	864	20	1180	400	3240	250
瀑河	40	574	20	350	200	—	—
北拒马河	13	—	5	660	660	6600	1000
白沟引河	12	—	5	500	400	—	500
永定河	74.7	47016	100	2500	2500	—	—

3.3　社会经济和灾情数据

3.3.1　社会经济数据

　　社会经济数据主要包括保定市、雄安新区的总人口、GDP、固定资本形成总额、CPI（居民消费价格指数）、生育率、死亡率、迁移人口等，具体数据内容详见表 3-4。

表 3-4 社会经济数据基本信息

数据内容	格式	分辨率	数据来源
1994—2016 年保定市 GDP、固定资本形成总额、CPI	.xlsx	市级	历年《保定经济统计年鉴》
1995—2017 年雄安新区三县总人口、生育率、死亡率、迁移人口	.xlsx	县级	第六次全国人口普查、历年《保定经济统计年鉴》
2000—2018 年雄安新区三县 GDP	.xlsx	县级	历年《保定经济统计年鉴》
2010—2017 年保定市生育率和死亡率	.xlsx	市级	历年《保定经济统计年鉴》
2010 年保定市分年龄性别总人口、死亡人口、生育率形状	.xlsx	市级	第六次全国人口普查
2010 年雄安新区三县分年龄性别人口、分性别分教育水平人口	.xlsx	县级	第六次全国人口普查

3.3.2 灾情数据

灾情数据包括雄安新区安新县、容城县和雄县三县公元 473 年至 2020 年暴雨灾害灾情数据，主要包括灾害发生时间、灾害强度、灾害影响描述、直接经济损失、受灾人口、死亡人口、失踪人口、紧急转移人口、农作物受灾面积、农作物成灾面积、农作物绝收面积等信息。

雄安新区安新县和雄县暴雨主要易涝点位置分布见图 3-4。2020 年 8 月 12 日，雄安新区面雨量达到 101.3 mm，造成雄县盛唐小区东北角积水 0.6 m、第三小学门口积水 0.5 m、住建局门口积水 0.35 m。

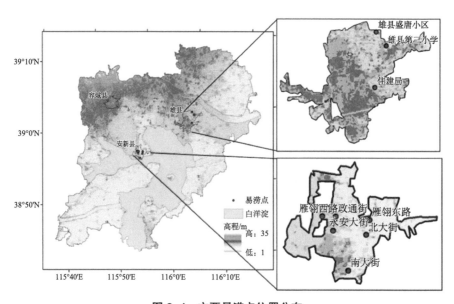

图 3-4 主要易涝点位置分布

3.4　基础地理信息数据

基础地理信息数据包括大清河流域 DEM、土壤、土地利用、行政边界和河网水系等，各数据具体信息及来源见表 3-5。由于数据来源不同，对所有数据分别进行坐标和投影转换，统一投影为 Albers，坐标系为 CGCS2000，并进行研究区数据裁切，对土地利用和土壤数据进行类型整理。

表 3-5　基本地理信息数据来源

数据类型	空间分辨率	原始投影	原始坐标	来源	备注
DEM	30 m	无	GCS_WGS_1984	地理空间数据云	
土壤	1 km	无	GCS_User_Defined	世界土壤数据库	
土地利用	30 m	UTM	WGS_1984	中国科学院资源环境科学数据中心	2015 年
	1 km	Albers	GCS_Krasovsky_1940		2020 年
行政边界河网水系	/	无	GCS_User_Defined	国家基础地理信息中心	

3.5　小结

本章介绍了影响预警与风险评估所需数据，包括大清河流域观测气象数据、气候模式数据、水文水利数据、社会经济数据、灾情数据和基础地理信息数据。

气象观测数据包括大清河流域 61 个国家基准、基本站和一般气象站点 1961—2022 年逐日降水和平均、最高、最低气温等，气候模式数据来源于第六次国际耦合模式比较计划（CMIP6），包括 5 个气候模式 7 个情景 1850—2100 年逐日气温、降水数据，并经过了降尺度与偏差订正。

水文水利数据包括大清河流域水文站流量和水位数据、水库基本信息、水库入库流量和水文数据以及主要行洪河道行洪能力。

　　社会经济数据主要包括保定市、雄安新区的总人口、GDP、固定资本形成总额、CPI（居民消费价格指数）、生育率、死亡率、迁移人口等；灾情数据包括雄安新区三县公元473年至2020年7月暴雨灾害灾情数据以及安新县和雄县暴雨主要易涝点位置及水深。

　　基础地理信息数据包括大清河流域数字高程模型（DEM）、土壤、土地利用、行政边界和河网水系等。

第 4 章
影响预警与风险评估方法

4.1 水文模拟方法

4.1.1　HBV 水文模型

4.1.1.1　模型简介

HBV（Hydrologiska Byråns VattenbalansavdeIning）水文模型是瑞典国家气象水文研究所（Swedish Meteorological and Hydrological Institute，SMHI）开发研制的基于数字高程模型（DEM）划分子流域的半分布式水文模型。该模型将流域划分为上层响应区、中间层响应区、下层响应区、河流、湖泊 5 个蓄水体，分为 4 个模块，即融雪模块、土壤模块、响应模块和汇流模块。模型的输入参数有逐日降水量、逐日气温和月潜在蒸发量（或日潜在蒸散发量），输出的结果为逐日流量。HBV 模型的参数数据（如降雨、温度、流量等）以二进制文件的形式存放于数据库中，数据的转换和共享方便，模型灵活易用，已被广泛应用于设计洪水、水文预报和气候变化影响研究等诸多领域，在世界100 多个不同气候条件下的国家中得到成功应用，能够适应于各种复杂气候下的水文模拟，同时具有输入参数少、适用性强和模拟精度高等优点。

HBV-D 模型由德国波茨坦气候影响研究所（PIK）Krysanova.V 博士于 1999 年改进而成，该版本的 HBV 模型具有 Routing（汇流时间）模块，能够将基于 DEM 划分的子流域再次划分为 10 个不同的高程带，每个高程带又可以被细化为最多达 15 个不同的植被覆盖情况，经过多次划分子流域，有利于考虑下垫面和降雨空间分布的差异性。模型在分别模拟各子流域的径流过程后，通过河道汇流形成流域出口断面的径流。HBV-D模型的输入数据主要包括研究区地形、逐日降水量、逐日平均气温、土地利用、土壤最大含水量以及河流汇流时间等参数。模型的总水量平衡方程为：

$$P - E - Q = \frac{\mathrm{d}}{\mathrm{d}t}(S_\mathrm{P} + S_\mathrm{M} + U_\mathrm{Z} + L_\mathrm{Z} + l_\mathrm{akes}) \tag{4.1}$$

式中，P 为降水；E 表示蒸散发；Q 为径流；S_P 为积雪量；S_M 为计算土壤含水量；U_Z 为上层水库的含水量；L_Z 为下层地下水含量；l_akes 为湖泊容量。

在模型的资料输入和计算过程中，主要模块的计算公式如下：

土壤模块：

$$E_\mathrm{act} = E_\mathrm{pot} \min\left(\frac{S_\mathrm{M}(t)}{F_\mathrm{C} \times L_\mathrm{P}},\ 1\right) \tag{4.2}$$

$$\frac{\text{recharge}}{P(t)} = \left(\frac{S_{\text{M}}(t)}{F_{\text{C}}}\right)^{\beta} \tag{4.3}$$

式中，E_{act} 和 E_{pot} 分别表示日实际蒸散发和潜在蒸散发能力；F_{C} 表示土壤持水能力；L_{P} 为土壤含水量与田间持水量之比的阈值，控制着蒸散发的计算；进入土壤的降水量多少由经验系数 β 决定，它与土壤类型和土地利用类型有关；$P(t)$ 为日降水量。

响应模块：

$$Q_{\text{GW}}(t) = K_2 S_{\text{LZ}} + K_1 S_{\text{LZ}} + K_0 \max(S_{\text{UZ}} - U_{\text{ZL}},\ 0) \tag{4.4}$$

式中，$Q_{\text{GW}}(t)$ 表示时间 t 时 3 个线性水库的流出径流量；S_{UZ} 和 S_{LZ} 分别表示上层和下层的土壤含水量；U_{ZL} 为上层土壤含水量的阈值；K_0、K_1、K_2 为 3 个线性水库的退水系数。

路径模块：

$$Q_{\text{sim}(t)} = \sum_{i=1}^{M_{\text{AXBAS}}} c(i) Q_{\text{GW}}(t-i+1) \tag{4.5}$$

式中，$Q_{\text{sim}}(t)$ 表示时间 t 时的模拟径流量；$c(i)$ 为系数，i 为滞后时间；M_{AXBAS} 为形状参数，它随流域面积不同而有变化，面积越大，M_{AXBAS} 值越大。

4.1.1.2　HBV 模型运行步骤

HBV 模型通过子流域划分、气象数据插值、土壤持水力提取、土地利用转码、汇流时间确定和径流模拟等步骤实现，具体运行过程如图 4-1 所示。

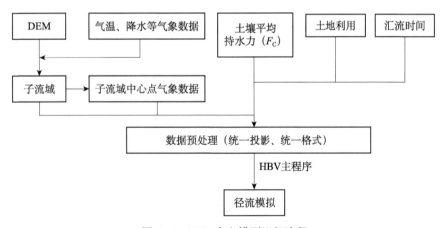

图 4-1　HBV 水文模型运行流程

（1）子流域划分

HBV 水文模型需要在划分子流域的基础上，根据各子流域的高程、土地利用类型等进行径流模拟。DEM 数据是划分子流域的基础数据,本研究所需 DEM 来源于地理空间数据云,空间分辨率为 30 m。为了保证模型的顺利运行及运行结果的准确性,需要对输入数据设置统一的空间分辨率、坐标系统和投影。地理坐标系统选择 2000 国家大地坐标系(CGCS2000),投影坐标系统选择 Albers 等面积圆锥投影,中央经线 105°,第一标准纬线为 25°,第二标准纬线为 47°,单位设置为 m。

对研究区进行子流域划分是模型运行的基础条件,Mapwindows GIS 可以自动、快速提取子流域,且操作方便,应用广泛。因此,研究选用 Mapwindows GIS 软件,综合考虑研究区 DEM、气象站降水资料以及 HBV 模型的运行速率等多方面的因素,实现对子流域的划分,结果如图 4-2 所示。

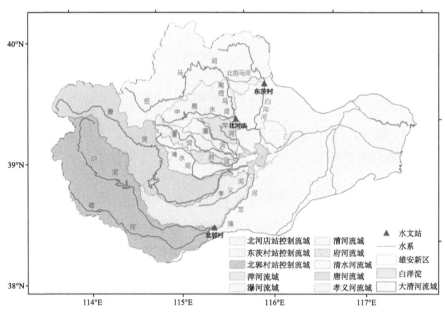

图 4-2　子流域划分结果

(2)气象数据插值

利用 Anusplin 软件考虑流域高程影响构建研究区精细化的格点观测气象日数据(空间分辨率 0.01°),并计算每个子流域的逐日平均气温、最高气温、最低气温以及逐日面雨量,驱动 HBV 水文模型。

(3)土壤持水力提取

土壤含水量是决定产流大小的一个基本因子。土壤水的补给主要来源于降水和冰川融水,地下水也会适当对土壤水进行补给,蒸散发和下渗则是土壤水的主要消耗途径。土壤特有的物理属性(例如黏粒和砂粒的含量等)会对土壤的最大持水量产生重要影响。研究采用的土壤最大持水量由德国波茨坦气候影响研究所水文组依据联合国粮食及农业组织（FAO）土壤分类标准推算的土壤持水力（FC）。利用 GIS 的裁切功能提取流域的 FC 空间分布，如图 4-3 所示。

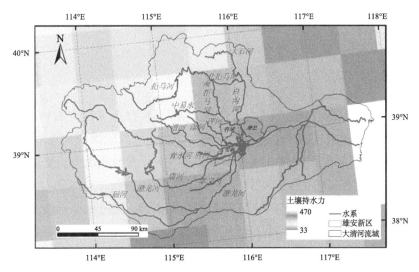

图 4-3　大清河流域土壤持水力空间分布图

（4）土地利用转码

土地利用对流域的水文过程有很大影响，也是 HBV 水文模型运行必不可少的输入要素。研究采用的土地利用数据来自中国科学院资源环境科学中心，空间分辨率为 30 m。由于 HBV 水文模型输入数据需要的地类代码不同于我国土地利用分类，故需要将获取的土地利用进行重分类，转换为模型需要的地类代码，转换结果如表 4-1 所示。

表 4-1　HBV 土地利用编码和对应类型

编码	土地利用类型	编码	土地利用类型	编码	土地利用类型
1	丘陵	6	城镇用地	11	交通用地
2	森林	7	针叶林	12	裸地
3	灌木	8	阔叶林	13	无
4	裸岩石质地	9	草地	14	无
5	耕地	10	湿地	15	无

（5）汇流时间确定

HBV 模型的一个主要特点是具有 Routing（汇流时间）模块，可以模拟基于 DEM 划分的各子流域的径流过程。通过对 DEM 数据进行填注、流向计算获取每个子流域到出口断面的径流最长距离，再进一步计算获取各子流域的汇流时间。汇流时间根据"长

度 ×0.012/1000"进行估算。

（6）径流模拟

完成 HBV 水文模型数据库的建立，即可运行模型，模型的输出结果为径流深，单位为 mm（可换算成日平均径流量）。

4.1.1.3 HBV 模型参数校验

HBV 水文模型的输入包括 50 余个参数，每个参数都有各自的物理解释。其中，一部分参数可以根据其意义直接确定，例如 AREAL（流域面积）、LAT（地理纬度）、TGRAD（温度梯度）和 EP（潜在蒸发）等；另一部分参数则需要反复调试，确定参数的敏感性，以期获得最佳的拟合效果，包括以下 8 类。①温度和降水的检验及纠正参数：反映雨量器资料的修正、温度对降雨和降雪的影响、温度和降水随高程的变化等参数；②积雪影响因子参数：不同高度层积雪分布、融雪和再结冰过程等参数；③潜在蒸散发能力参数；④植被截留参数；⑤土壤水分参数：最大下渗能力、渗滤率、吸力；⑥上层和下层地下水消退指数；⑦湖泊水位流量关系曲线；⑧上层、下层地下水带和湖泊水流的汇流过程参数等。

HBV 模型模拟效果的优劣很大程度上取决于参数的率定和验证。通过对模型参数敏感性试验，确定影响流域径流的主要参数，并对参数进行本地化率定和验证。

为了判别水文模型的模拟效果，可选用纳什效率系数（NSE）和克林—古普塔效率系数（KGE）来判别模型模拟值与观测值之间的拟合程度，其计算公式分别为：

纳什效率系数：

$$N_{SE} = 1 - \frac{\sum_{i=1}^{n}(Q_{S} - Q_{O})^2}{\sum_{i=1}^{n}(Q_{O} - Q_{O\_avg})^2} \tag{4.6}$$

克林—古普塔效率系数：

$$K_{GE} = 1 - \sqrt{(r-1)^2 + \left(\frac{Q_{sim}}{Q_{obs}} - 1\right)^2 + \left(\frac{S_{TDEVsim}/m_{eansim}}{S_{TDEVobs}/m_{eanobs}} - 1\right)^2} \tag{4.7}$$

式中，Q_{obs} 和 Q_{sim} 分别为实测和模拟的径流深；r 为实测与模拟径流的相关系数；$S_{TDEVobs}$ 为观测径流的标准差；$S_{TDEVsim}$ 模拟径流的标准差；m_{eanobs} 为观测径流的均值；m_{eansim} 为模拟径流的均值。NSE、KGE 值越接近于 1，说明模拟精度越高。对于日尺度的模拟，当 $N_{SE} \geq 0.6$、$K_{GE} \geq 0.6$ 时，则可以认为模型在该流域表现良好。

考虑到本研究有效的气象数据多从 1961 年开始，且水文数据获取受限，选择具有径流观测数据的北河店、北郭村、倒马关和东茨村 4 个水文站控制流域，采用 1961 年以后的径流数据进行水文模型的参数率定与验证。

北河店水文站控制流域分别选择 1961—1963 年和 1964—1965 年为水文模型的率定期和验证期，模型模拟与实测的径流对比见图 4-4。在日尺度上，HBV 模型在率定期的 NSE 为 0.83、KGE 为 0.70；验证期的 NSE 系数为 0.72、KGE 系数为 0.65。月尺度上，率定期的 NSE 系数为 0.90、KGE 系数为 0.75；验证期的 NSE 系数为 0.83、KGE 系数为 0.68（表 4-2），可见水文模型能较好地反映流域的降水—径流关系。

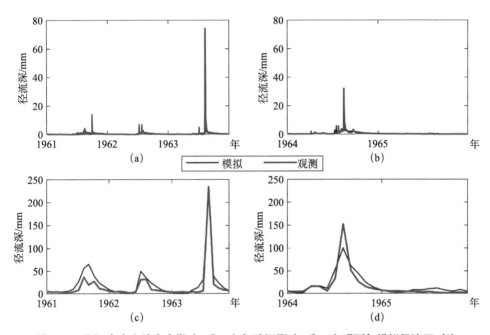

图 4-4　北河店水文站率定期（a 和 c）与验证期（b 和 d）观测与模拟径流深对比
（a 和 b 为日尺度，c 和 d 为月尺度）

北郭村水文站模拟与实测的径流对比见图 4-5，其中，1961—1963 年为率定期，1964—1966 年为验证期。日尺度上，率定期和验证期 NSE 分别为 0.76 和 0.61、KGE 分别为 0.64 和 0.44；月尺度上，率定期和验证期 NSE 分别为 0.97 和 0.68、KGE 分别为 0.69 和 0.63（表 4-2），说明水文模型对北郭村水文站控制流域的径流模拟效果较好。

倒马关水文站模拟与实测的径流对比见图 4-6，其中，1961—1966 年为率定期，1967—1972 年为验证期。日尺度上，率定期和验证期的 NSE 为 0.89 和 0.71、KGE 为 0.82 和 0.82；月尺度上，率定期和验证期的 NSE 为 0.94 和 0.78、KGE 为 0.86 和 0.73（表 4-2）。

东茨村水文站模拟与实测的径流对比见图 4-7，其中 1961—1963 为率定期，1964—1965 年为验证期。模拟结果表明，在日尺度上，率定期和验证期的 NSE 为 0.87 和 0.76、KGE 为 0.88 和 0.66；月尺度上，率定期和验证期的 NSE 为 0.93 和 0.80、KGE 为 0.87

和 0.71（表 4-2），HBV 模型能较好地模拟流域径流。

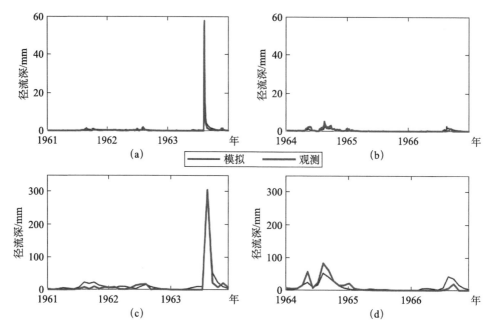

图 4-5　北郭村水文站率定期（a 和 c）与验证期（b 和 d）观测与模拟径流深对比
（a 和 b 为日尺度，c 和 d 为月尺度）

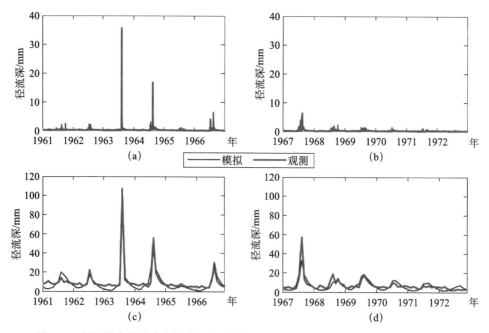

图 4-6　倒马关水文站率定期（a 和 c）与验证期（b 和 d）观测与模拟径流深对比
（a 和 b 为日尺度，c 和 d 为月尺度）

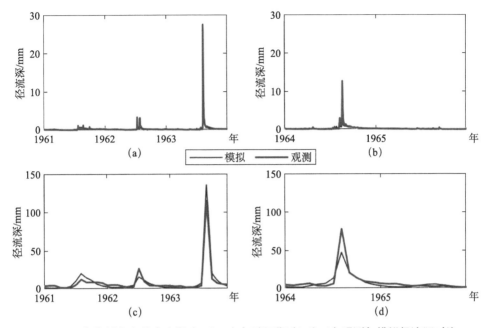

图 4-7　东茨村水文站率定期（a 和 c）与验证期（b 和 d）观测与模拟径流深对比
（a 和 b 为日尺度，c 和 d 为月尺度）

表 4-2　HBV 水文模型模拟效果

水文站	率定期 / 日		验证期 / 日		率定期 / 月		验证期 / 月	
	NSE	KGE	NSE	KGE	NSE	KGE	NSE	KGE
北河店	0.83	0.70	0.72	0.65	0.90	0.75	0.83	0.68
北郭村	0.76	0.64	0.61	0.44	0.97	0.69	0.68	0.63
倒马关	0.89	0.82	0.71	0.82	0.94	0.86	0.78	0.73
东茨村	0.87	0.88	0.76	0.66	0.93	0.87	0.80	0.71

　　综上所述，HBV 水文模型能够较好地描述各水文站控制流域的日径流和月径流变
化过程，适用于流域径流模拟及未来径流演变特征研究。研究区的唐河下游流域、清水
河、漕河、瀑河、府河、萍河、孝义河流域由于水文数据的限制，无法进行水文模型的
参数校验。因此，对这些流域的水文模拟则采用就近原则，选择距离流域出水口最近的
已经校验好的流域参数。漕河、瀑河、府河、萍河流域参数使用最近的北河店控制流域
的参数；唐河下游流域、清水河流域和孝义河流域则使用北郭村控制流域的参数。

4.1.2　FloodArea 模型

　　FloodArea 二维水动力模型是德国 Geomer 公司开发的以 ArcGIS 为运行平台的洪水
演进、暴雨内涝淹没模拟模型，根据研究区数字地形模型、设定水位的河道网络栅格、表示洪水进入圩区起始位置的破圩点及一个或多个水文曲线、表示暴雨分布的降水权重、由曼宁系数获取的糙率、代表模拟边界的堤防等阻水物数据，模拟堤防漫顶式、溃口式或暴雨式的淹没情况，精确地反映洪水演进过程，每个时相的模拟结果都以栅格形式呈现和存储。

FloodArea 共有 3 种模拟方式：①运用河道水位（Water Level），即规定洪水从带有高程的河网栅格进入模型（洪水到达一定的水位时，从整个河道网络开始漫延），这种情况适于模拟堤防漫顶式的淹没情况。河道水位可以有空间分布差异，在整个模拟过程中，既可认为河道水位保持不变，又可以对整体河道水位按照统一尺度进行调整，以提供洪水源，直到模型设定的时间，模拟终止。②运用入流处洪量 Hydrograph（根据水位流量线或降水过程线定义），规定进入模型的洪水是从用户定义的具体经纬度坐标的某一点开始的，该方式适于模拟溃口式的淹没情况，在模拟过程中，流量可以随时间而变化。③ Rainstorm（面雨量输入），以区域内降雨量建立降雨量权重栅格图为入流情况输入模型，极类似于第二种，区别在于，Hydrograph 是由单个栅格来输入，而 Rainstorm 是由面输入。

根据模拟的不同方式，所需数据如表 4-3。

表 4-3　FloodArea 不同模拟方式的输入数据需求

数据	DEM	河网	水位	面雨量分布	流量	雨量	溃口点坐标	地面糙率	阻水物	阻水物失防点	模拟时长和间隔	最大交换率
漫顶	√	√	√					○	○	○	√	○
溃口	√				√		√	○	○	○	√	○
暴雨	√			√		√		○	○	○	√	○

注：√为必需参数，○为可选参数，地面糙率虽然为可选数据，但该数据极大影响模拟结果，建议必选。

模型中考虑的其他参数还有：

① Modification 选项使计算过程中可以上升和降低整个水位。运用的文件与水文曲线有相同的格式。输入文件中的数据可用线性法插值获取更精细的输入结果。用此功能模拟诸如流经河流的洪水波和其对周围蓄水区的影响。

② Flow barriers 除零和 No Data 以外的任何栅格都可被认为是阻水屏障。模型的算法在栅格单元间用对角线转移。为了起到真实屏障的效果，栅格单元应该是边缘相连的。模型通过 shape 文件的栅格化处理产生的栅格满足边缘相连的要求。

③ Dam failure 除零和 No Data 以外的所有栅格都可被认为是大坝溃口，其计算级别优于阻水屏障（Flow barriers）。优于是指若 Dam failure 和 Flow barriers 都被安置在某一地点，则 Dam failure 栅格始终是优先的。用此选项模拟大坝溃口。

④ Roughness 是一个根据 Manning 代表粗糙度的栅格。

FloodArea 模型的计算基于流体动力原理，同时考虑一个栅格周围的 8 个单元，对邻近栅格单元的泄入量由 Manning-Stricker 公式计算，具体单元划分见图 4-8。单元间最低与最高地形高程间的差异决定了坡度，计算每个单元的相邻单元的流量长度，相邻单元的流量长度被认为是相等的；位于对角线的单元，以不同的长度算法来计算。

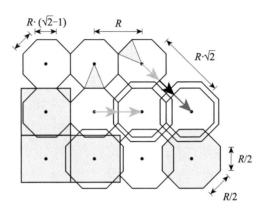

图 4-8　栅格单元划分图

水流的淹没深度为淹没水位高程和地面高程之间差值，由下式表示：

$$F_D = W_L - E \tag{4.8}$$

式中，F_D 代表水流的淹没深度；W_L 为淹没水位高程；E 为地面高程。

淹没过程中的水流方向由地形坡向所决定，对地面任何一点来说，坡向表征了该点高程值改变量的最大变化方向。计算公式如下：

$$a_{\text{spect}} = 270 - \frac{180}{\pi} \cdot \alpha \tan 2\left(\frac{\partial Z}{\partial Y} + \frac{\partial Z}{\partial X} \right) \tag{4.9}$$

式中，a_{spect} 代表坡向；α 代表地形坡度；X、Y 和 Z 分别代表三维坐标系中的横轴、纵轴和竖轴。

FloodArea 模型的最大特点在于每个时相的运行时间以及相应淹没范围和水深都以栅格形式呈现和存储，直观明了，易于查询。流向参数、流速和水下深度等水文参数以及时空物理场的可视化为洪水风险的动态评估提供了有效工具，已广泛应用于国内外的洪涝灾害监测预警和洪水动态监测评估。

4.2　统计回归方法

统计回归方法是研究一个因变量（被解释变量）关于另一个（些）自变量（解释变量）的具体依赖关系的计算方法和理论，是建模和分析数据的重要工具，通常用于对变量间的统计关系进行定量描述，并对被解释变量进行预测分析的统计方法。回归分析可以根据变量间的关系分为线性和非线性回归，如果回归分析中因变量和自变量之间是线性关系，则称为线性回归分析；如果因变量和自变量之间是非线性关系，则称为非线性回归分析。线性回归分析是回归分析中第一种经过严格研究并在实际应用中广泛使用的类型。这是因为线性依赖于其未知参数的模型比非线性依赖于其未知参数的模型更容易拟合，而且产生的估计统计特性也更容易确定。在线性回归中，数据使用线性预测函数来建模，并且对未知的模型参数经常用最小二乘法逼近来拟合，模型拟合的效果采用决定系数进行评估。本研究主要采用一元线性回归模型、一元二次线性回归模型和二元一次线性回归模型，构建各流域降水—径流关系。

一元线性回归模型的基本形式为：

$$y = \beta_0 + \beta_1 x + \varepsilon \tag{4.10}$$

一元二次线性回归模型的基本形式为：

$$y = \beta_0 + \beta_1 x^2 + \beta_2 x + \varepsilon \tag{4.11}$$

二元一次线性回归模型的基本形式为：

$$y = \beta_0 + \beta_1 x_1 + \beta_2 x_2 + \varepsilon \tag{4.12}$$

4.3 机器学习方法

近年来，随着大数据技术的迅猛发展，机器学习和人工智能方法在不同学科领域中的应用引起了学术界的广泛关注（Reichstein et al., 2019；Runge et al., 2019）。机器学习模型可以深入挖掘大数据的内在联系和深度价值，具有建模简单和拟合效果好等优点，能够很好地弥补物理过程模型对非线性和非平稳序列拟合不足的问题，已经被应用于洪水预测预报（Xiang et al., 2020；Dodangeh et al., 2020；Zahura et al., 2020）、山洪地质灾害定量评估（Lin et al., 2021；Lin et al., 2020；林齐根 等，2017）、气象要素降尺度（Sachindra et al., 2018；Vandal et al., 2019；Sachindra et al., 2019）等诸多领域。机器学习中最突出、最常用的回归模型有线性回归模型、支持向量机回归模型、决策树模型。线性回归模型，其原理简单、计算时间短，但其缺点是模型容易过拟合，即虽然可以完全适应训练数据，但是难以推广到新数据，因此为了防止过拟合，常需要在数据上多下功夫。支持向量机回归模型，其可以模拟较为复杂的关系且得到满意的结果，通过核函数和超参数的选择还能获得更满意的模拟。决策树模型是一种简单易用的非参数模型，适合作为数据量大的回归模型，计算速度较快，结果具有解释性，而且稳健性强，其对数据的要求低，是一种有着独特优势的机器学习算法。决策树模型的典型代表算法有极限梯度提升（eXtreme Gradient Boosting，XGBoost）、随机森林（Random Forest）、梯度提升决策树（Gradient Boosting Decision Tree，GBDT）等。采用 4 类机器学习模型（线性模型、支持向量机回归模型、随机森林模型、极限梯度提升模型）对各流域水文站的降水—径流关系进行建模，其中线性回归模型作为基准模型用于对比其他各类非线性机器学习模型的模拟结果。

4.3.1　极限梯度提升算法（XGBoost）

XGBoost 全称是 Extreme Gradient Boosting，可译为极限梯度提升算法。它由机器学习领域著名的青年华人学者陈天奇博士设计（Chen et al.，2016），致力于让极限梯度提升树算法突破自身的计算极限，以实现运算快速、性能优秀的工程目标。与传统的梯度提升算法相比，XGBoost 进行了许多改进，并且已经被认为是在分类和回归上都拥有超高性能的先进评估器。XGBoost 的目标损失函数是由模型的训练误差和模型空间复杂度组成的，即 XGBoost 能够同时兼顾模型的泛化能力以及运行速度。同时，它是一种集成学习算法，即通过构建多个分类回归树（Classification and Regression Tree，CART）对数据集进行预测，然后将多个树模型预测的结果集成起来，作为最终的预测结果。与 GBDT 算法一样，XGBoost 作为集成学习中的 Boosting 流派，其每一次的计算都是为了减少上一次的残差，进而在残差减少（负梯度）的方向上建立一个新的树模型，也就是说，前面决策树的训练和预测效果会影响建立下一棵树模型的样本输入。但是，XGBoost 在高效实现 GBDT 算法的同时对其进行了算法和工程上的许多改进，与 GBDT 算法相比，XGBoost 使用了二阶的泰勒展开式逼近目标函数的泛化误差部分，有效简化了目标函数的计算；XGBoost 还可通过在目标函数中加入正则项来降低模型预测的波动性以及改善模型过拟合现象；XGBoost 还支持 GPU 并行运算，可节省大量计算成本。

XGBoost 算法是一类合成提升算法，因此，此类算法的底层是由一系列基分类器也可以称为弱分类器组成，一般来说会选择例如决策树和逻辑回归作为弱分类器。XGBoost 算法的原理是将原始数据集分割成多个子数据集，将每个子数据集随机分配给基分类器进行预测，然后将弱分类的结果按照一定的权重进行计算，以此来预测最后的结果。更通俗地讲，提升算法的原理就像接力赛跑，每一棒的选手都是从很多跑得没那么快的选手中挑选出来的，而这些挑选出来的选手一般来说都是跑得最快的，最后一起赢得比赛。

XGBoost 算法的优势主要有：

① XGBoost 算法既可用于非线性分类，也可用于线性分类，当其应用于线性分类时，区别在于加入了正则化的参数。

②XGBoost 算法在使用梯度下降时，使用是的二阶泰勒展开，因此对于目标函数的要求是在二阶下连续可导。

③与其他算法相比，其在目标函数中加入了正则化参数，可以较大程度地提升泛化能力。

④由于其使用的多个分类器之间前后没有关联，因此，在数据量较大的时候可以运用分布式方式，提高计算效率。

⑤由于每个特征的数值都只用在大小比较，因此，XGBoost 模型可以较好地容忍异常值。

⑥由于使用梯度下降算法，此算法不用进行特征的相关性选择。

⑦相比于其他算法，XGBoost 算法加入了复杂度函数，泛化能力更上一层楼。

4.3.2　随机森林算法（Random Forest）

随机森林算法是由多棵决策树组成，且决策树之间都是随机生成的，因此，并无关联。对于某一个样本，随机森林同时使用多个决策树进行分类，再综合每棵树的结果，最后得出最终的分类结果。随机性主要体现在两个方面：第一，随机地从数据集中选取若干个样本进行训练，形成决策树；第二，计算分割点时，随机挑选一部分特征计算最好的分割点（Li et al.，2020）。

随机森林算法 Random Forest 的优点如下：

①对高维数据有较好的泛化能力，效率高，随机原理使得特征差异性变小。

②能够输出特征重要性。

③使用无偏估计的方法形成随机森林，使得泛化能力较强。

④树之间没有联系，容易使用并行化方法进行模型训练。

⑤可以感知哪些特征之间的相关性较强。

⑥实现比较简单。

⑦对于不平衡的数据集来说，它可以平衡误差。

⑧对特征缺失的容忍性较强。

4.3.3　支持向量机回归算法（Support vector machine regression）

支持向量机是所有机器学习算法中最具数据理论的算法，其主要原理是利用凸二次规划问题的求解方法，来寻求结构化风险最小化，进而提高分类器的泛化能力，最后使得置信区间和经验风险最小，达到在数据量比较小的时候分类器的分类效果也比较好（Feng et al.，2020）。

支持向量机回归算法的主要优点如下：

①使用核函数，避免高维数据所造成的数据维度灾难。

②目的是寻找分类间隔最好的超平面。

③支持向量是 SVM 的关键也是结果。

④不同于传统的归纳演绎方式，该算法有自己的一套理论基础，也很大程度上简单处理了传统的分类方式。

⑤最终的分类效果由支持向量决定，并不是数据集的维度，也可以防止维数灾难的发生。

⑥有了支持向量的支撑，可以利用少数有效样本，减少计算量，提高效率。

4.3.4　基于机器学习方法的建模步骤

机器学习方法建立降水—径流关系的具体建模步骤如下：

①基于对各流域水文站 1961—2017 年逐日面雨量和日平均流量的初步分析，构建以下特征变量用于建立各水文站的降水—径流关系模型，包括当日降水 pre，前 1 日降水 pre_lag1，前 2 d 降水 pre_lag2，前 3 d 降水 pre_lag3，前 1 d 径流量 dis_lag1，前 2 d 径流量 dis_lag2，前 3 d 径流量 dis_lag3，一年第 N 天 dayofyear，共 8 个特征变量作为候选变量用于机器学习建模。

②利用 XGBoost（Exterme Gradient Boosting）极限梯度提升算法引入所有变量进行建模，分析各影响因素对模型影响的贡献程度，选择重要性高的变量引入后续模型。

③基于选取的影响因素，分别应用线性模型 Linear、随机森林 Random Forest、支持向量机 Support vector machine 和极限梯度提升 XGBoost 4 种机器学习算法建立模型。对于所有模型，以 1961—1999 年的数据作为模型训练样本，2000—2017 年的数据作为模型验证样本。

④在训练模型时（1961—1999 年），采用时间序列交叉验证方法，以 NSE 为评估指标，通过网格搜索方法寻找各机器学习模型的最优超参数（平均交叉验证 NSE 得分最高的超参数）。基于交叉验证和网格搜索方法得到的最优超参数建立各机器学习模型。

⑤以 NSE 为评估指标，利用验证期（2000—2017 年）的样本数据，评估各机器学习模型的表现，选择最优的模型建立各流域降水—径流关系。

4.4　概率分布方法

采用概率分布方法拟合水文气象要素的重现期。概率分布函数众多，如英国、法国等多选用广义极值分布（Generalized Extreme Value，GEV）函数，美国、加拿大和澳洲大陆、印度等多采用耿贝尔（Gumbel）分布函数，中国自 20 世纪 60 年代以来，多采用皮尔逊 III 型（Pearson-III）分布，即三参数伽马（Gamma）分布。近年来，随着分布函数的发展，诸多学者尝试了多种分布函数在中国的适用性，强调了多参数分布函数的普适性。

本研究基于具有自主知识产权的 MuDFiT（Multi-Distribution Fitting Tool Software）软件（登记号：2015SR082142），采用多种概率分布函数对流域径流序列进行重现期拟合，并以 Kolmogorov-Smirnov 检验对拟合结果进行评价。按照 K-S 检验结果，选择大部分站点的最优分布拟合函数为广义极值分布（Generalized Extreme Value，GEV）函数。广义极值分布函数也是最经常被应用于气象学和水文学领域，估算不同重现期的极端降水和径流量极值。

广义极值分布函数的公式和参数如下。

参数：$k, \sigma(\sigma > 0), \mu$

范围：

$$1+k\frac{x-\mu}{\sigma}>0 \quad k \neq 0$$
$$-\infty < x < +\infty \quad k = 0 \tag{4.13}$$

概率密度函数：

$$f(x)=\begin{cases} \frac{1}{\sigma}\exp\left(-(1+kz)^{-1/k}\right)(1+kz)^{-1-1/k} & k \neq 0 \\ \frac{1}{\sigma}\exp(-z-\exp(-z)) & k = 0 \end{cases} \tag{4.14}$$

累计概率密度函数：

$$F(x)=\begin{cases} \exp\left(-(1+kz)^{-1/k}\right) & k \neq 0 \\ \exp(-\exp(-z)) & k = 0 \end{cases} \tag{4.15}$$

其中，$z=\dfrac{x-\mu}{\sigma}$。

4.5 基流分割方法

基流是河川径流的重要组成部分，是水文过程线上较低的部分，年际和年内变化较小。河川径流可以通过水文站观测获得数据资料，基流需通过一定的方法进行估算，因此基流分割一直是国内外水文学研究的重点和难点之一（Xie et al.，2020）。由于不同研究区的水文地质条件和基流产流过程存在差异性，研究者们针对基流量的计算提出了诸多方法（Lott et al.，2016）。传统的基流分割方法以图解法为主，该方法主观性强且要求操作者熟悉流域的水文地质特征，工作效率低，计算烦琐，不便于分析长时间序列的数据资料，精度难以保证且无法确定误差来源（Zhang et al.，2017）。因此，在实践中常采用自动分割技术进行基流分割。近年来，采用数值模拟分割流量过程线的方法得到了快速发展，主要有数字滤波法、平滑最小值法、时间步长法（Hydrograph separation，HYSEP）等，这些方法客观性强，操作简便，可以采用计算机程序实现，快速有效地得到连续的基流过程，在这些方法中应用最广泛的是数字滤波法（Tongal et al.，2018；Duncan，2019；Xie et al.，2020）。

数字滤波法来源于信号分析和处理技术，由 Nathan et al.（1990）于 1990 年首次应用于水文研究中，近年来在基流分割计算研究中已成为国际上应用最广泛的方法。其原理是将日径流量看作是高频信号（地表径流）和低频信号（基流）的叠加，通过信号处理技术将高频信号和低频信号分离，从而相应地将地表径流和基流从径流中分割出来。Arnold et al.（1995）在美国东部和西部选取了 6 个代表性流域，对该方法的可靠性进行验证，结果表明该方法具有参数少、执行速度快、操作容易并具有较好的客观可重复性等优点。

递归数字滤波法由 Eckhardt（2005）提出，包含两个滤波参数（退水常数 α 和最大基流指数 $\mathrm{BFI_{max}}$），计算公式如下：

$$q_{b(t)} = \frac{(1-I_{\mathrm{BFmax}})\alpha q_{b(t-1)} + (1-\alpha)I_{\mathrm{BFmax}}q_t}{1-\alpha I_{\mathrm{BFmax}}} \tag{4.16}$$

式中，$q_{b(t)}$ 为 t 时刻的基流；$q_{b(t-1)}$ 为 t-1 时刻的基流；q_t 为 t 时刻实测的河流径流量；t 为时间（单位为日）；α 为退水常数，可根据退水分析得到；I_{BFmax} 为最大基流指数。为了消除参数 $\mathrm{BFI_{max}}$ 值确定时的主观性，Eckhardt（2005）研究了 65 个典型的水文地质条件下流域的基流分割估算结果，根据流域下垫面的水文地质特性，以多孔含水层的多年性河流 $\mathrm{BFI_{max}}$ 取值 0.8，季节性河流 $\mathrm{BFI_{max}}$ 取值 0.5，坚硬岩石含水层的多年性河流 $\mathrm{BFI_{max}}$ 取值 0.25。该方法较单参数数字滤波法对径流序列的高频信号的平滑作用更显著，用该方法估算的基流序列较其他方法估算结果更稳定，并且可应用于任何时间步长的水文序列。

4.6　面雨量计算方法

采用 Anusplin 插值方法进行面雨量计算。Anusplin 插值方法是基于普通薄盘和局部薄盘样条函数的插值理论，它除了可以引入自变量外，还允许引入协变量，比如温度和海拔等。利用 Anusplin 插值方法可以考虑多变量的影响，大大提高插值精度，且能同时进行多个表面的空间插值，对时间序列的气象要素插值更加适合（钱永兰 等，2010）。

其计算公式如下：

$$Z_i = f(x_i) + b^T y_i + e_i \ (i=1,2,3,\cdots,N) \tag{4.17}$$

式中，Z_i 是位于空间 i 点的因变量；x_i 为样条独立变量；$f(x_i)$ 是关于 x_i 的光滑函数；y_i 是独立协变量；e_i 是随机误差；T 为迭代次数；b 为系数，可通过最小二乘估计确定。

Anusplin 插值方法可采用 Matlab 程序语言实现，具体计算步骤如下：

（1）数据准备

应用 Anusplin 软件安装包，需要将以固有形式存储的气象要素数据进行处理成程序要求的标准格式，生成文本文件。如果文件格式不对，或者数据有重复错误等，在程序执行过程中会产生错误提示信息，并中断程序执行。

（2）Anusplin CMD 文件的编写

Anusplin 软件由 8 个 .exe 文件组成，Anusplin 插值只需要执行两个文件，一个是 Splina.exe 或 Splinb.exe，另一个是 lapgrd.exe 文件。Splina.exe 或 Splinb.exe 功能基本一致，均利用局部薄盘样条函数根据已知点得到拟合表面。当已知点不超过 2000 时，宜用 Splina.exe，否则程序提示出错信息不予继续执行；Splinb.exe 模块一般在数据点较多时使用。lapgrd.exe 引入高程数据，根据 Splina.exe 或 Splinb.exe 生成的拟合表面系数得到每一个格点上的预测值。

采用 Matlab 软件打开 Anusplin 软件目录下 main.m 主函数，调用相应数据文件，并对 Splina.exe 和 lapgrd.exe 相对应文件参数进行修改，具体修改的参数包括路径修改、输出文件按照年份命名、生成 Splina 编译文件、经纬度范围修改、修改 DEM 文件名、修改栅格数目、获取对应数据的经纬度、修改 main.m 函数等，选择存放的路径，运行程序即可得到插值结果。

4.7　脆弱性曲线构建方法

脆弱性指受到不利影响的倾向或习性，包括灾害损失的敏感性或易受伤害性，以及缺乏应对和适应的能力。由于雄安新区的历史灾害损失数据较难获取，因此根据河北省1984 年以来的暴雨洪水直接经济损失和最大连续 3 d 降水量，建立脆弱性曲线。

暴雨灾害损失率可以定量描述暴雨灾害对研究区带来的损失占国内生产总值的比重，使得研究区不同年份之间的损失大小具有可比性，其表达式如下：

$$L_R = \frac{L}{G} \tag{4.18}$$

式中，L_R 表示暴雨灾害损失率；L 表示暴雨洪水直接经济损失（万元）；G 表示国内生产总值（万元）。

使用河北省 1984 年以来的暴雨灾害损失率与不同降水指标建立关系，如表 4-4 所示，包括年降水量、年最大日降水量、年最大连续 3 日降水量、日降水量大于 95% 分位值的年累积降水量和日降水量大于 99% 分位值的年累积降水量。

表 4-4　暴雨灾害损失率与不同降水指标相关系数

	变量	相关系数	显著性检验结果（P 值）
暴雨灾害损失率	年降水量	0.35	显著（0.04）
	年最大日降水量	0.46	极显著（<0.01）
	年最大连续 3 d 降水量	0.58	极显著（<0.01）
	日降水量大于 95% 分位值的年累积降水量	0.45	极显著（<0.01）
	日降水量大于 99% 分位值的年累积降水量	0.57	极显著（<0.01）

由于暴雨灾害损失率与年最大连续 3 d 降水量（3 d 最大降水量）的相关系数最高，达 0.58，故最终采用 3 d 最大降水量来与暴雨灾害损失率建立脆弱性曲线，如图 4-9 所示，关系表达式如下：

$$L_R = (2\times10^{-6})P^2 - (8\times10^{-5})P - 3\times10^{-4} \tag{4.19}$$

式中，L_R 表示暴雨灾害损失率；P 表示年最大连续 3 d 降水量（mm）。

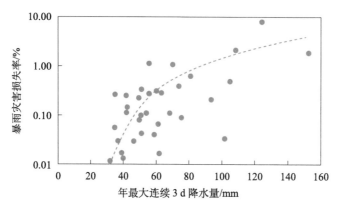

图 4-9　暴雨灾害损失率与年最大连续 3 d 降水量关系

4.8　风险评估模型

根据 IPCC 对灾害风险的定义（IPCC，2012）：灾害风险是由致灾因子危险性、暴露度和脆弱性三者构成的函数，灾害风险评估模型的基本表达式为：

$$R = H \times E \times V \qquad (4.20)$$

式中，R 表示风险；H 表示洪水致灾事件的危险性；E 表示承灾体的暴露度；V 为承灾体的脆弱性。

灾害风险评估的基本流程包括数据收集、致灾因子危险性分析、暴露度分析、脆弱性分析、风险评估等步骤。

（1）数据收集

主要包括进行洪水灾害风险评估所需的各种基础气象数据和底图的准备，如受灾地区的各类气象数据、地形、土地利用、人口和历史灾情数据等。

（2）致灾因子危险性评估

致灾因子危险性评估主要进行三方面的工作：一是致灾因子强度评估，一般根据气象因子的变异程度（降水异常程度）或承灾体所承受灾害影响程度（洪水强度）等属性指标确定；二是致灾因子发生概率评估，一般根据一定时段内该强度洪水灾害发生次数确定，通常用概率（或频次、频率）等表示，致灾因子强度越大，发生概率越小；三是致灾程度综合评估，对致灾因子强度、概率及致灾环境的综合分析，并给出评估区域的每一种灾害风险的致灾因子危险性等级。

（3）承灾体暴露度评估

承灾体暴露度评估是对暴露在致灾因子危险性影响下的人口、建筑、财产、经济活动等生命与财产要素的暴露数量或价值以及分布进行分析。通常结合致灾因子评估结果，叠加建筑物、人口、经济、土地利用等数据，从而获得暴露要素的数量或价值及分布。本研究的承灾体主要考虑人口、经济和土地利用等。

（4）承灾体脆弱性评估

承灾体脆弱性评估包括各类承灾体本身对不同洪水灾害及其强度的响应能力，即区域社会应对灾害能力评估，以及不同区域人类社会为各种承灾体防灾所配备的综合措施力度及针对特定灾害专项措施力度评估。通常基于社会经济和建筑数据以及灾情资料等，通过模拟实验或已有的灾害财产损失数据拟合不同财产、建筑物等在不同强度致灾因子下的损失率函数。本研究通过构建最大连续 3 d 降水量与暴雨灾害损失率之间的函数关系评估经济脆弱性。

（5）风险评估

在致灾因子危险性、承灾体的暴露度和脆弱性评估基础上，根据风险评估模型，评估洪水灾害风险，并根据风险评估结果，进行风险区划，为制定防灾减灾规划和防灾减灾措施服务。

4.9　小结

本章详细阐述了洪水灾害影响预警和风险评估的主要方法，包括 HBV 和 FloodArea 水文水动力模型模拟、统计回归分析和机器学习等流域降水—径流关系建模方法；水文气象要素重现期计算的概率分布方法；流域地表径流和基流分割的递归数字滤波方法；考虑流域地形差异的 Anusplin 气象要素插值方法；以及承灾体脆弱性曲线构建方法和洪水灾害风险评估模型等。

第 5 章

洪水灾害人口经济承灾体变化预估

5.1 共享社会经济路径

共享社会经济路径（SSPs）是在典型浓度路径（RCPs）基础上发展的社会经济情景，它反映辐射强迫和社会经济发展之间的关联。每一个具体 SSP 代表了一种发展模式，包括了相应的人口增长、经济发展、技术进步、环境条件、公平原则、政府管理、全球化等发展特征和影响因素的组合，可以包括定量的人口、GDP、经济等数据，也包括对社会发展的程度、速度和方向的具体描述（Van et al., 2011；Wilbanks et al., 2014；O'Neill et al., 2014；曹丽格 等，2012；姜彤 等，2020）。目前，主要有 5 个基础 SSP，其特征如下：

SSP1 很好地考虑了可持续发展和千年发展目标的实现，同时降低资源强度和化石能源依赖度，低收入国家快速发展，全球和经济体内部均衡化，技术进步，高度重视预防环境退化，特别是低收入国家的快速经济增长降低贫困线以下人口的数量，是一个实现可持续发展、气候变化挑战较低的世界，类似于 SRES-B1/A1T 情景。主要特征包括：一个开放、全球化的经济，相对高速的技术转化，如清洁能源和土地增产等技术促进了环境友好型社会的进程；消费趋向低的材料消耗和能源强度，动物性食物消费较低；人口增长率较低，教育水平提高；同时，政府和机构致力于实现发展目标和解决问题。千年发展目标可以在未来 10～20 a 实现，从而带来人口教育水平的提高，用水安全、卫生设施和医疗水平的改进，减少了气候变化及其他全球变化的脆弱性因素。例如，实施严格的空气污染可控制政策，普及清洁的现代能源。

SSP2 是中间路径，面临中等气候变化挑战，主要特征包括：世界按照近几十年来的典型趋势继续发展下去，在实现发展目标方面取得了一定进展，一定程度上降低了资源和能源强度，慢慢减少对化石燃料的依赖。低收入国家的发展很不平衡，大多数经济体政治稳定，部分同全球市场联系加深；全球性机构数量有限，力量相对薄弱；人均收入水平按照全球平均速度增长，发展中国家和工业化国家之间的收入差距慢慢缩小；随着国民收入的增加，区域内的收入分布略有改善，但在一些地区仍然存在较大差距；教育投入跟不上人口增长的速度，特别是在低收入国家。千年发展目标将延迟几十年实现，部分人口无法获得安全的饮用水，无法改善卫生条件和医疗保健。在控制空气污染、提高贫困人口能源供应，以及减少对气候变化和其他全球变化的脆弱性等方面，仅取得一定的进展。

SSP3 是局部不一致的发展，面临高的气候变化挑战，主要特征包括：世界被分为极端贫穷国家、中等财富国家和努力保持新增人口生活标准的富裕国家。他们之间缺乏协调，区域分化明显。未能实现全球发展目标，资源密集，对化石燃料高度依赖，在减少或解决当地的环境问题，如空气污染等方面进展不大。每个国家专注于本身的能源和粮食安全；去全球化趋势，包括能源和农产品市场在内的国际贸易受到严格的限制；国际合作的减弱、对技术发展和教育投入的减少，减缓了所有地区的经济增长。受教育和经济趋势的限制，人口增长较快；中低收入国家城市的增长没有良好的规划；在人口增长驱动下，本地能源资源的消耗，能源领域技术变革缓慢，带来大量的碳排放；国家管制和机构比较松散并缺乏合作和协商一致，缺乏有效的领导和解决问题的能力；人力资本投入低，高度不平衡；区域化的世界导致贸易量减少，对体制的发展不利，致使大量人口容易受到气候变化影响且适应能力低；政策趋向于自身安全、贸易壁垒等。

SSP4 描述了不均衡的发展，以适应挑战为主。这个路径设想了国际和国内都高度不均衡发展的世界。人数相对少且富裕的群体产生了大部分的排放量，在工业化和发展中国家，大量贫困群体排放较少且很容易受到气候变化的影响。在这个世界中，全球能源企业通过对研发的投资来应对潜在的资源短缺或气候政策，开发应用低成本的替代技术。因此，考虑低基准排放量和高减缓能力，减缓面临的挑战较小。但管理和全球化被少数人控制，由于收入相对较低，贫穷人口的受教育程度有限，政府管理效率低，面临很高的适应挑战。

SSP5 是一个常规发展的情景，以减缓挑战为主。这个路径强调传统的经济发展导向，通过强调自身利益实现的方式来解决社会和经济问题。偏好传统的快速发展，导致能源系统以化石燃料为主，带来大量温室气体排放量，面临减缓挑战。社会环境适应挑战较低，主要来源于人类发展目标的实现，包括强劲的经济增长，高度工程化的基础设施，努力防护极端事件，提高生态系统管理水平。

5.2　人口经济承灾体预估

5.2.1　研究数据

5.2.1.1　人口数据

基于 2010 年中国第六次人口普查资料、2010—2017 年逐年保定市经济统计年鉴、河北省 2010 年人口普查资料和 2010 年河北经济年鉴，获取了 2010 年雄安新区容城县、安新县和雄县分性别年龄人口（表 5-1），2010—2017 年保定市及雄安新区三县总和生育率（表 5-2）、死亡率（表 5-3）和迁移人口（表 5-4），2010 年保定市生育率形状（表

5-5）、死亡率形状（表5-6），以及2010年河北省人口迁移形状（表5-7）。

表5-1 2010年容城县、安新县和雄县分性别年龄人口（人）

年龄段	容城县		安新县		雄县	
	男	女	男	女	男	女
0 岁	1922	1617	3901	2964	3099	2455
1～4 岁	7615	6271	16485	12408	12434	9963
5～9 岁	7611	6084	13678	11010	13720	11624
10～14 岁	10455	4738	19978	9131	13696	7111
15～19 岁	14121	10071	28600	18604	18078	12631
20～24 岁	11479	14694	17266	24938	15174	19041
25～29 岁	9404	11200	16470	16630	13600	14518
30～34 岁	9372	9053	14620	15514	12105	12720
35～39 岁	10467	8780	18484	14777	15854	11902
40～44 岁	9200	10987	14333	18800	14053	16343
45～49 岁	9200	10262	14333	14554	14053	14351
50～54 岁	7527	7425	11780	11657	10583	10148
55～59 岁	8407	8490	13557	14835	11225	10727
60～64 岁	6383	6138	9398	10981	8173	8173
65～69 岁	4410	3867	5629	5180	5298	5205
70～74 岁	3106	2617	4005	3894	3696	3418
75～79 岁	2109	2124	3203	3463	2485	2846
80～84 岁	1002	1482	1902	2304	1250	1898
85～89 岁	400	696	584	887	383	882
90～94 岁	85	185	125	235	93	214
95～99 岁	15	41	22	52	18	43
100 岁以上	1	3	1	4	2	3

表5-2 保定市及容城县、安新县、雄县2010—2017年总和生育率（‰）

年份	保定市	容城县	安新县	雄县
2010	13.67	16.48	24.23	24.39
2011	13.98	13.64	16.04	16.99
2012	13.27	15.91	14.22	19.02
2013	13.53	14.24	20.71	26.65
2014	13.89	16.43	20.52	18.95

续表

年份	保定市	容城县	安新县	雄县
2015	10.91	10.94	12.28	13.46
2016	12.22	12.02	12.9	14.67
2017	13.35	19.02	18.89	20.95

表 5-3　保定市及容城县、安新县、雄县 2010—2017 年死亡率（‰）

年份	保定市	容城县	安新县	雄县
2010	6.34	6.85	5.89	6.37
2011	7.01	16.90	9.31	13.89
2012	6.33	10.14	3.29	7.62
2013	6.83	10.20	3.54	6.96
2014	5.85	5.87	7.00	8.55
2015	5.45	7.69	2.40	9.23
2016	5.92	4.08	3.57	6.84
2017	6.68	17.90	16.86	13.61

表 5-4　容城县、安新县、雄县 2014—2017 迁移人口（人）

年份	容城县	安新县	雄县
2014	−210	480	83
2015	−212	−296	−197
2016	−728	−539	−110
2017	731	204	−86

表 5-5　保定市 2010 年分年龄生育率

年龄段	15~19 岁	20~24 岁	25~29 岁	30~34 岁	35~39 岁	40~44 岁	45~49 岁
出生人数/人	125	4557	4443	2114	884	342	223
生育率/‰	3.03	83.64	97.47	53.91	21.41	7.26	5.40

表 5-6　保定市 2010 年死亡率形状（‰）

年龄段	合计	男	女
0 岁	2.683	3.043	2.266
1~4 岁	0.344	0.344	0.344
5~9 岁	0.189	0.23	0.144

续表

年龄段	合计	男	女
10～14 岁	0.261	0.316	0.201
15～19 岁	0.443	0.612	0.267
20～24 岁	0.475	0.687	0.266
25～29 岁	0.592	0.859	0.323
30～34 岁	0.726	1.013	0.425
35～39 岁	1.083	1.389	0.769
40～44 岁	1.722	2.268	1.189
45～49 岁	2.525	3.282	1.789
50～54 岁	4.555	5.812	3.269
55～59 岁	7.166	9.36	4.973
60～64 岁	11.861	15.016	8.721
65～69 岁	20.117	25.227	14.882
70～74 岁	38.47	46.037	30.544
75～79 岁	66.173	76.807	56.785
80～84 岁	105.013	122.03	92.737
85～89 岁	141.42	165.725	127.638
90～94 岁	207.11	232.735	195.42
95～99 岁	253.112	277.778	244.193
100 岁及以上	660.494	961.538	602.941

表 5-7　河北省人口迁移形状（人）

年龄段	合计	男	女
0～4 岁	300866	159721	141145
5～9 岁	331493	177035	154458
10～14 岁	307172	161071	146101
15～19 岁	1156073	543298	612775
20～24 岁	1250550	558867	691683
25～29 岁	868910	392365	476545
30～34 岁	754221	375787	378434
35～39 岁	754365	394309	360056
40～44 岁	691024	373062	317962

续表

年龄段	合计	男	女
45～49 岁	524720	287590	237130
50～54 岁	371909	203808	168101
55～59 岁	342242	184663	157579
60～64 岁	247509	138137	109372
65～69 岁	155649	87752	67897
70～74 岁	118864	66142	52722
75～79 岁	70105	39257	30848
80～84 岁	34530	18946	15584
85～89 岁	12683	6366	6317
90～94 岁	3398	1501	1897
95～99 岁	943	387	556
100 岁及以上	53	12	41

5.2.1.2　经济数据

基于 2010 年中国第六次人口普查资料、2010 年中国县域统计年鉴、1995—2019 年逐年河北经济统计年鉴以及保定经济统计年鉴，获取了 2010 年雄安新区安新县、容城县和雄县不同受教育程度人口（表 5-8）以及分年龄段人口（表 5-9），保定市雄安新区三县 2000—2018 年 GDP（表 5-10）以及保定市 1994—2016 年固定资本形成总额和 CPI 指数（表 5-11）。

表 5-8　雄安新区三县 2010 年不同受教育程度人口（人）

受教育程度	安新县	容城县	雄县
6 岁及以上人口	395698	237523	325996
未上过学	20340	10173	12013
小学	143582	86579	126032
初中	199442	111205	152447
高中	23676	21750	25904
大学专科	6596	5569	7524
大学本科	2015	2111	1994
研究生	47	136	82

表 5-9 雄安新区三县 2010 年分年龄段人口（人）

年龄段	安新县	容城县	雄县
15～64 岁	320131	192660	263452
≥65 岁	31490	22143	27734

表 5-10 保定市和雄安新区三县 2000—2018 年 GDP（亿元）

年份	保定市	安新县	容城县	雄县
2000	702.22	23.10	15.70	20.20
2001	747.31	25.23	17.34	22.26
2002	823.46	28.29	19.17	24.27
2003	924.81	28.53	21.15	26.46
2004	1110.88	24.81	25.20	24.46
2005	1072.14	30.49	26.36	28.67
2006	1199.96	33.67	29.67	32.82
2007	1375.18	38.25	31.85	38.48
2008	1580.89	41.85	35.53	44.00
2009	1730.00	43.68	40.01	47.86
2010	2050.30	52.00	47.19	58.33
2011	2450.00	63.25	48.71	69.04
2012	2720.90	69.22	53.30	75.96
2013	2904.31	76.10	56.96	86.73
2014	3035.20	62.56	57.75	90.75
2015	3000.34	57.57	57.08	97.54
2016	3110.40	57.88	59.41	101.15
2017	3132.43	56.09	53.11	79.95
2018	3010.97	58.48	54.28	73.25

表 5-11 保定市 1994—2016 年固定资本形成总额（万元）和 CPI 指数（以上一年为基准）

年份	固定资本形成总额	CPI 指数
1994	924335	124.1
1995	1239503	117.1
1996	1580525	108.3
1997	2042699	102.8
1998	2344065	99.2

年份	固定资本形成总额	CPI 指数
1999	2518592	98.6
2000	2828250	100.4
2001	3007104	100.7
2002	3488630	99.2
2003	4398585	101.2
2004	4982353	103.9
2005	5791680	101.8
2006	6235779	101.5
2007	6791114	104.8
2008	8849487	102.9
2009	10895055	99.3
2010	13573770	103.3
2011	15555680	105.4
2012	17533007	102.6
2013	19205999	102.6
2014	21901499	102.0
2015	16519009	101.4
2016	16421227	102.0

5.2.2　研究方法

5.2.2.1　人口预估方法

1. 人口—发展—环境分析（PDE）模型

人口预估采用人口—发展—环境分析（PDE）模型。该模型由国际应用系统分析研究所（IIASA）采用队列预测和多状态生命表扩展而成，最初应用于不同经济发展情景的人力资本预测（Lutz，1994），目前也广泛用于人口变化的预估研究（Goujon et al.，2008；孟令国 等，2014；程常青，2016）。PDE 模型通过给定不同年龄、性别、教育水平等"状态"下的初始人口、生育率、死亡率和迁移人口，模拟新生人口和不同年龄结构人口的自然梯级移动，并实现多状态之间的相互转换。其中，人口增长由自然增长和机械增长两部分组成，自然增长为出生人口与死亡人口之间的差值；机械增长主要指净迁移人口。对不同"状态"下的每一年龄组的人口，当前年龄组人口数减去某一预估时间段内死亡人口，再加上净迁移，即为所预估年份下这一年龄组人口数。PDE 模型公式简明，便于计算，同时不同"状态"间相互转换，能够同时对不同性别、年龄以及分省人口进行预估。PDE 模型的原理见图 5-1。

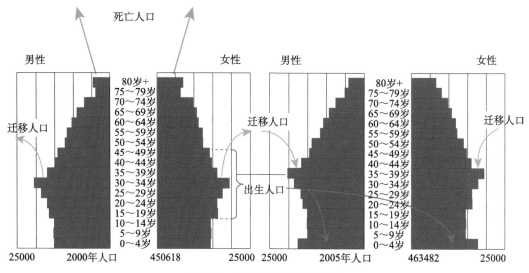

图 5-1　PDE 模型原理示意图

总人口预估模型为：

$$P(s,i,t) = P(s,i-1,t-1) - D(s,i-1,t-1) - V(s,i-1,t-1) \tag{5.1}$$

式中，P 为人口数，s 为性别，i 为年龄，t 为年份；$P(s,i,t)$ 表示 t 年 i 岁分性别人口数；$D(s,i,t)$ 表示分年龄分性别的死亡人口；$V(s,i,t)$ 表示分年龄分性别的迁移人口。

某一年 $t+1$ 岁人口数 P_{t+1} 为：

$$P_{t+1} = P_t' \times (1 - D_{t+1}) + M_{t+1} \tag{5.2}$$

式中，P_t' 为上一年 t 岁的人口数；D_{t+1} 为当年 $t+1$ 岁人口的死亡率；M_{t+1} 为当年 $t+1$ 岁的迁移人口。

2. 参数本地化

人口参数的本地化首先考虑共享社会经济路径（SSPs）全球基本框架，未来生育率、死亡率、迁移率具有高、中、低 3 种方案（KC et al., 2013）（表 5-12）。根据实际生育率和经济发展情况，可将国家分为高生育率、低生育率和 OECD（经济合作与发展组织）成员国三类，中国为低生育率国家，因此，雄安新区容城县、安新县和雄县的生育率、死亡率、迁移率等参数的本地化根据低生育率国家类型对应表 5-12 中相应的参数方案设定。

表 5-12　SSP1～SSP5 路径下人口预估参数方案

国家类型	SSP1			SSP2			SSP3			SSP4			SSP5		
	HF	LF	RO	HF	LF	RO	HF	LF	RO	HF	LF	RO	HF	LF	RO
出生率	低	低	中	中	中	中	高	高	低	高	低	低	低	低	高
死亡率	低	低	低	中	中	中	高	高	高	高	中	中	低	低	低
迁移率	中	中	中	中	中	中	低	低	低	中	中	中	高	高	高

HF：高生育率国家；LF：低生育率国家；RO：OECD 成员国。

（1）生育率

生育率依据历史统计数据首先确定中等假设方案的具体参数，然后设定高/低方案参数。中等假设表示维持当前生育率变化（KC et al.，2013），综合考虑"二孩"政策以及育龄妇女的生育意愿，中国总和生育率约在 2019 年达到峰值 1.9‰，并逐渐稳定至 1.8‰（翟振武 等，2016；李新运 等，2014；齐美东 等，2016；国家人口发展战略研究课题组，2007）。2010 年容城县、安新县和雄县的总和生育率分别为 1.902‰、1.889‰ 和 2.095‰，"二孩"政策后，雄安新区三县的总和生育率在一定时间内会增加并在 2025 年后分别逐渐稳定于 2.035‰、2.021‰ 和 2.242‰ 的水平。高/低等假设采用维也纳人口研究所（VID）提出的预估方案，即在 2030 年高/低等假设分别比中等假设下高/低 20%，在 2050 年高/低 25%（Basten et al.，2014；Goujon et al.，2013），具体参数设定见表 5-13。

表 5-13　雄安新区三县总和生育率参数设定（‰）

时间/年	容城县			安新县			雄县		
	低	中	高	低	中	高	低	中	高
2010—2015	1.591	1.591	1.591	2.052	2.052	2.052	1.902	1.902	1.902
2015—2020	1.902	1.902	1.902	1.889	1.889	1.889	2.095	2.095	2.095
2020—2025	1.765	1.969	2.172	1.753	1.955	2.157	1.944	2.168	2.392
2025—2030	1.628	2.035	2.442	1.617	2.021	2.425	1.793	2.242	2.690
2030—2035	1.603	2.035	2.468	1.592	2.021	2.451	1.765	2.242	2.718
2035—2040	1.577	2.035	2.493	1.566	2.021	2.476	1.737	2.242	2.746
2040—2045	1.552	2.035	2.518	1.541	2.021	2.501	1.709	2.242	2.774
2045—2050	1.526	2.035	2.544	1.516	2.021	2.527	1.681	2.242	2.802

（2）死亡率

死亡率的设定基于 IIASA 全球收敛模型输出和专家组评估结果，在中等假设下，2050 年前预期寿命每 10 a 约增加 2 岁，高等假设下每 10 a 增加 1 岁，低等假设下每 10 a 增加 3 岁（Caselli et al.，2013），具体参数设定见表 5-14。

表 5-14　雄安新区三县死亡率参数设定（岁）

时间/年	容城县						安新县						雄县					
	低		中		高		低		中		高		低		中		高	
	男	女	男	女	男	女	男	女	男	女	男	女	男	女	男	女	男	女
2010—2015	69.27	74.36	69.27	74.36	69.27	74.36	73.95	78.64	73.95	78.64	73.95	78.64	70.21	75.21	70.21	75.21	70.21	75.21
2015—2020	70.92	75.86	70.92	75.86	70.92	75.86	75.61	80.16	75.61	80.16	75.61	80.16	71.85	76.71	71.85	76.71	71.85	76.71
2020—2025	72.42	77.36	71.92	76.86	71.42	76.36	77.11	81.66	76.61	81.16	76.11	80.66	73.35	78.21	72.85	77.71	72.35	77.21
2025—2030	73.92	78.86	72.92	77.86	71.92	76.86	78.61	83.16	77.61	82.16	76.61	81.16	74.85	79.71	73.85	78.71	72.85	77.71
2030—2035	75.42	80.36	73.92	78.86	72.42	77.36	80.11	84.66	78.61	83.16	77.11	81.66	76.35	81.21	74.85	79.71	73.35	78.21
2035—2040	76.92	81.86	74.92	79.86	72.92	77.86	81.61	86.16	79.61	84.16	77.61	82.16	77.85	82.71	75.85	80.71	73.85	78.71
2040—2045	78.42	83.36	75.92	80.86	73.42	78.36	83.11	87.66	80.61	85.16	78.11	82.66	79.35	84.21	76.85	81.71	74.35	79.21
2045—2050	79.92	84.86	76.92	81.86	73.92	78.86	84.61	89.16	81.61	86.16	78.61	83.16	80.85	85.71	77.85	82.71	74.85	79.71

（3）迁移人口

在自然迁移情况下，未来雄安新区迁移率与当前保持一致。由于雄安新区由政府主导规划建设，《河北雄安新区规划纲要（2018—2035 年）》显示，到 2035 年，雄安新区人口预计达到 530 万人左右，较雄安新区成立时（2017 年）增长约 400 万人，这些人口多通过迁移实现。政策导向迁移情况，雄安新区未来人口迁移方案的设定参考上海浦东新区和深圳经济特区两个典型地区的人口迁移规律。自 2003 年有迁移人口统计数据以来至2019 年的 17 a 时间里，浦东新区人口在迁移时段前期增长缓慢，中期迅速增长，累积迁移人口占总迁移人口的 75% 左右，迁移时段后期，迁移人口达到稳定阶段，增速缓慢，2019 年常住人口增长到 556.7 万人。深圳经济特区于 1980 年 8 月正式成立，常住人口数量 33.29 万人，自成立至 2019 年共 40 a 的迁移时段前期增长缓慢，中、后期呈现较为匀速的增长趋势，迁移时段达到一半时，累积迁移人口占总迁移人口的 50% 左右，2019 年常住人口增长至 1343.88 万人。本研究将浦东新区和深圳经济特区迁移人口的变化趋势分别作为雄安新区未来人口迁移浦东式方案和深圳式方案；将浦东和深圳两个地区累积迁移人口比重的均值变化趋势作为浦东、深圳综合式方案（图 5-2），此种迁移方案下，迁移人口在迁移时段前期缓慢增长，中期快速增长，迁移时段中期时，累积迁移人口占总迁移人口的 60% 左右，迁移时段后期增速减缓，但仍保持较为快速的增长趋势。雄安新区的人口迁移参照综合式方案的迁移规律，首先设定中等方案下的人口迁移，高 / 低等假设的迁移人口分别比中等假设高 / 低 50%（Abel，2013），具体参数设定见表 5-15。

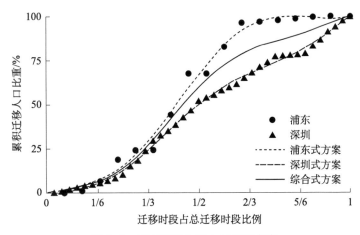

图 5-2　雄安新区未来人口迁移方案

（4）教育水平

不同教育水平会对一个地区的生育率、死亡率产生影响。根据国际应用系统分析研究所（IIASA）统计的全球人口数据（KC et al.，2014；KC et al.，2013），孕龄妇女的年龄会随着教育水平的提高而提高，生育率随着教育水平的升高而降低；不同教育水

表 5-15　雄安新区三县迁移人口参数设定（人）

时间/年	容城县 低 男	容城县 低 女	容城县 中 男	容城县 中 女	容城县 高 男	容城县 高 女	安新县 低 男	安新县 低 女	安新县 中 男	安新县 中 女	安新县 高 男	安新县 高 女	雄县 低 男	雄县 低 女	雄县 中 男	雄县 中 女	雄县 高 男	雄县 高 女
2010—2015	-361	-356	-361	-356	-361	-356	-465	-463	-465	-463	-465	-463	-168	-166	-168	-166	-168	-166
2015—2020	8703	8219	17406	16439	26109	24658	15100	14073	30200	28146	45301	42219	12764	11896	25528	23793	38293	35689
2020—2025	36270	34253	72540	68507	108810	102760	62929	58649	125859	117298	188788	175948	53194	49577	106388	99154	159582	148732
2025—2030	71437	67466	142875	134932	214312	202397	123946	115516	247892	231031	371838	346547	104771	97647	209543	195295	314314	292942
2030—2035	96492	91128	192984	182255	289476	273383	167417	156029	334833	312059	502250	468088	141517	131895	283034	263789	424551	395684
2035—2040	91459	86375	182919	172749	274378	259124	158685	147891	317369	295783	476054	443674	134136	125015	268272	250031	402408	375046
2040—2045	60635	57264	121271	114529	181906	171793	105204	98048	210408	196097	315612	294145	88929	82882	177858	165764	266787	248646
2045—2050	27056	25552	54112	51103	81167	76655	46943	43750	93885	87499	140828	131249	39681	36982	79361	73965	119042	110947

平之间人口寿命差异可以达到 5 岁，认为受过高等教育的人口有着更高的寿命，其中文盲与小学之间差 1 岁，而小学与中学、中学与大学两种教育水平之间各差 2 岁。不同教育水平代表不同的"状态"，不同年龄段人口在不同"状态"间进行转换，实现不同教育水平间的人口流动（姜彤 等，2017）。中国的教育水平分为文盲、小学、中学和大学 4 个等级。2010 年雄安新区容城县、安新县和雄县小学、小学升中学和中学升大学的升学率分别约为 96%、93% 和 27%；按照雄安新区当前教育发展速度继续发展，2035 年容城县、安新县、雄县小学、小学升中学和中学升大学水平分别达到 98%、97% 和 53%，雄安新区平均受教育年限达到 13.5 a。

3. 人口预估模型模拟效果验证

为了验证 PDE 模型对雄安新区人口模拟的效果，选取 SSP2 维持现有社会发展趋势的中间路径，将容城县、安新县、雄县 2010—2017 年的人口模拟结果与统计数据进行比较，结果见图 5-3。统计数据显示，容城县、安新县和雄县的人口呈现波动增长趋势，分别由 2010 年的 26.1 万人、44.1 万人和 36.5 万人增长至 2017 年的 27.2 万人、46.8 万人和 39.6 万人，人口分别增长 4.0%、6.2% 和 8.4%。SSP2 路径下，容城县、安新县和雄县的人口呈持续增加趋势，分别由 2010 年的 26.1 万人、44.1 万人和 36.5 万人增长至 2017 年的 26.8 万人、47.3 万人和 38.3 万人，人口分别增长 2.8%、7.3% 和 4.9%，容城县和雄县的模拟人口增长较统计数据偏低，安新县偏高，但从每年的模拟结果与统计数据的相对误差看（图 5-4），雄安新区三县各年人口的模拟误差最大不超过 5%，说明 PDE 模型可用于未来人口预估。

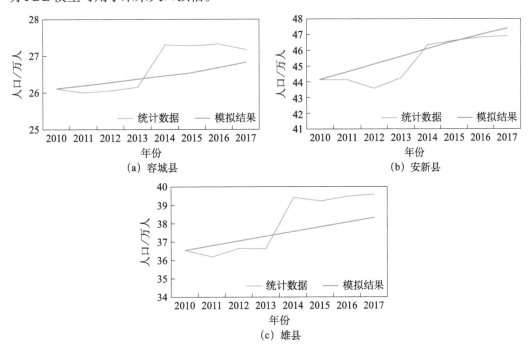

图 5-3　雄安新区三县 2010—2017 年人口统计数据与模拟结果对比

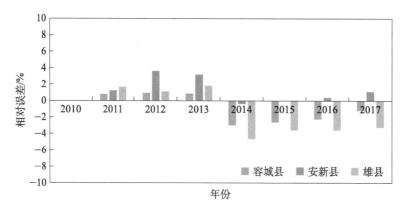

图 5-4　雄安新区三县 2010—2017 年人口模拟相对误差

5.2.2.2　经济预估方法

1. 柯布—道格拉斯经济生产函数

经济预估采用柯布—道格拉斯（Cobb-Douglas）经济生产函数。该函数是由美国数学家柯布和经济学家保罗·道格拉斯研究 1899—1922 年美国的资本和劳动对生产的影响时提出，是用来预估国家和地区的工业系统或大企业的生产和分析发展生产途径的一种经济数学模型（张晓婧，2013）。该模型认为劳动力投入量、资本存量、全要素生产率三大要素影响着经济变化（董晓花 等，2008）。柯布—道格拉斯经济生产函数的基本表达形式如下：

$$Y(t) = K(t)^{\alpha} L(t)^{1-\alpha} T_{\mathrm{FP}}(t) \tag{5.3}$$

式中，Y 为国内生产总值（GDP）；K 为资本存量；L 为劳动投入量；$T_{\mathrm{FP}}(t)$ 为全要素生产率；α 为资本产出弹性系数。

劳动投入量（L）指劳动力参与生产的投入程度（王立军 等，2015），其计算公式如下：

$$L = \sum_{q} H \times L_{\mathrm{FPR}}(q) \times W_{\mathrm{AP}}(q) \tag{5.4}$$

式中，q 为工作年龄人口的年龄分组，两组分别为 15~64 岁和 65 岁及其以上；H 为教育程度；$W_{\mathrm{AP}}(q)$ 为工作年龄人口；$L_{\mathrm{FPR}}(q)$ 为各年龄段劳动参与率。

其中，教育程度（H）的计算公式如下：

$$H = \begin{cases} e^{0.134 M_{\mathrm{YS}}} & M_{\mathrm{YS}} \leqslant 4 \\ e^{[0.536 + 0.101(M_{\mathrm{YS}}-4)]} & 4 < M_{\mathrm{YS}} \leqslant 8 \\ e^{[0.94 + 0.068(M_{\mathrm{YS}}-8)]} & M_{\mathrm{YS}} > 8 \end{cases} \tag{5.5}$$

式中，M_{YS} 为平均受教育年限。

全要素生产率（TFP）指产量与全部要素投入量之比，即广义上的技术进步（杨汝岱，2015）。运用索洛经济增长模型进行基准年的 TFP 计算（叶裕民，2002），其计算公式如下：

$$G_Y = G_K + 1 - G_L + T_{FP} \tag{5.6}$$

式中，G_Y 为经济增长率；G_L 为劳动力投入量增长率；G_K 为资本投入量增长率。

未来全要素生产率计算需要参考发达国家（美国）全要素生产率增长水平，其计算公式如下：

$$T_{FPL}(t) = T_{FPL}(0) \left[c_{lose} = 1 + g_L + (c_{lose} = g_{TFP}^L - g_L) e^{-\tau t} \right]^t \tag{5.7}$$

$$T_{FP}(t+1) = \begin{cases} \dfrac{t \left\{ T_{FPL}(t+1) - \left[T_{FPL}(t+1) - T_{FP}(t) \right] e^{-t\left(\frac{\beta}{10}\right)} \right\} + (\tau - t)(1 + g_{TFP}) T_{FP}(t)}{\tau}, \tau \geq t \\[2ex] \max \left\{ T_{FP}(t), (t+1) - \left[T_{FPL}(t+1) - T_{FP}(t) \right] e^{-t\left(\frac{\beta}{10}\right)} \right\}, \tau < t \end{cases}$$

$$\tag{5.8}$$

式中，T_{FPL} 为发达国家全要素生产率；$T_{FPL}(0)$ 为基准年发达国家全要素生产率；g_{TFP}^L 为发达国家全要素生产率增长率；g_L 为发展中国家全要素生产率增长率；β 为收敛参数；t 为当前年份；τ 为收敛年限。

资本存量（K）是指某一时间点上社会经济的资本总量，目前已被普遍采用的测量资本存量的方法是 Goldsmith 在 1951 年开创的永续盘存法（刘建国 等，2012），初始年计算公式如下：

$$K(t+1) = (1-d)K(t) + I(t) \tag{5.9}$$

式中，I 为固定资本形成总额；d 为折旧率，根据已有研究，折旧率取固定值 6.3%（贾润崧 等，2014）。

未来资本存量（K）与未来全要素生产率（TFP）、劳动投入量（L）、资本产出的弹性系数（α）的变化密不可分，可用如下递归公式计算：

$$K(t) = \left[c_{lose} = \frac{K(t-1)}{L(t-1)} \right]^{\frac{1-\alpha(t-1)}{1-\alpha(t)}} \cdot \left[c_{lose} = \frac{\alpha(t)}{\alpha(t-1)} \cdot \frac{T_{FP}(t)}{T_{FP}(t-1)} \right]^{\frac{1}{1-a(t)}} \cdot L(t) \tag{5.10}$$

式中，L 为劳动投入量；T_{FP} 为全要素生产率；α 为资本产出弹性系数。

资本产出弹性系数（α）是衡量资本对产出影响的相对变化，即当生产资本增加 1% 时，产出平均增长 α%，初始年计算公式如下：

$$\alpha = P_k \frac{K}{Y} \tag{5.11}$$

式中，P_k 为资本的投资回报率，根据已有研究（Leimbach et al., 2017），取 P_k =0.12；K 为资本存量；Y 为 GDP。

2. 基准年参数本地化

以 2010 年为基准年，柯布—道格拉斯生产函数各参数基准年的本地化过程如下：

（1）劳动投入量 L

根据中国第六次人口普查资料 2010 年雄安新区安新县、容城县和雄县不同受教育程度人口数据，计算平均受教育年限 MYS，并用公式（5.5）计算教育程度 H。

由于安新县、容城县和雄县分年龄段劳动参与率暂无统计资料记载，通过绘制中国各省（区、市）劳动参与率与平均受教育年限的散点图，拟合两者函数关系见图 5-5。根据中国各省劳动参与率与平均受教育年限的关系模型，计算安新县、容城县和雄县 15～64 岁年龄段劳动参与率。65 岁以上年龄段劳动参与率与平均受教育年限几乎无关系，因此选取河北省 65 岁以上年龄段劳动参与率作为雄安新区各县 65 岁以上年龄段劳动参与率。

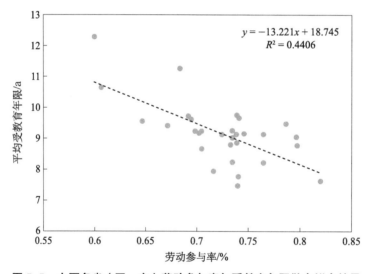

图 5-5   中国各省（区、市）劳动参与率与受教育年限散点拟合结果

综上，雄安新区劳动投入量 L 基准年参数本地化结果如表 5-16 所示。

表 5-16   雄安新区劳动投入量 L 基准年参数本地化结果

	安新县	容城县	雄县
受教育年限 MYS/a	7.77	8.00	7.93
15～64 岁 LFPR	0.83	0.81	0.82
≥65 岁 LFPR	0.22	0.22	0.22

续表

	安新县	容城县	雄县
教育程度 H	2.50	2.56	2.54
15～64 岁 WAP/ 人	320131	192660	263452
≥65 岁 WAP/ 人	31490	22143	27734
劳动力投入量 L/ 人	681805	413150	563174

（2）资本存量 K 和资本弹性系数 α

首先，根据公式（5.9）和获取的 1995—2010 年保定市固定资本形成总额计算出 2010 年保定市资本存量 K。然后，利用 2010 年雄安新区安新县、容城县和雄县 GDP 数据计算出雄安新区各县 GDP 占保定市 GDP 的比值，用该比值和保定市资本存量 K 分别折算出雄安新区三县资本存量 K。最后，依据公式（5.11），计算出雄安新区三县资本弹性系数 α。

雄安新区资本存量 K 和资本弹性系数 α 基准年参数本地化结果如表 5-17 所示。

表 5-17　雄安新区三县资本存量 K 和资本弹性系数 α 基准年参数本地化结果

	安新县	容城县	雄县
GDP/ 万元	519965	471923	583320
GDP 占比 /%	2.54	2.30	2.85
资本存量 K/ 万元	1500538	1361896	1683371
资本弹性系数 α	0.346	0.346	0.346

（3）全要素生产率 TFP

根据已经本地化的劳动投入量 L、资本存量 K 和资本弹性系数 α，结合雄安新区三县 2010 年的 GDP 数据，采用柯布—道格拉斯经济生产函数（公式（5.3））即可计算 2010 年雄安新区三县的全要素生产率 TFP。

雄安新区三县全要素生产率 TFP 基准年参数本地化结果如表 5-18 所示。

表 5-18　雄安新区三县全要素生产率 TFP 基准年参数本地化结果

	安新县	容城县	雄县
劳动力投入量 L/ 人	519965	471923	583320
资本弹性系数 α	0.346	0.346	0.346
资本存量 K/ 万元	1500538	1361896	1683371
全要素生产率 TFP/%	0.58	0.76	0.71

根据已有研究（Leimbach et al., 2017），发展中国家平均全要素生产率 TFP 约为 0.7%，可见计算结果也较为合理。

3. 未来参数设定

未来不同共享社会经济路径下劳动参与率、全要素生产率增长速度、资本产出弹性系数等参数，依据 SSPs 路径下的经济预估参数假设方案进行参数本地化（Cuaresma et al. 2017；Leimbach et al.，2017；Dellink et al.，2015）。

SSPs 路径下雄安新区的分年龄段劳动参与率 LFPR 假设如表 5-19 所示。对于 15～64 岁年龄段 $LFPR$ 的未来发展 SSP1 和 SSP2 路径下维持中等劳动参与程度，均收敛于 0.70 左右。SSP3 路径下，劳动参与率较低，降低收敛至 0.60。而以化石燃料为主的发展路径 SSP5 则与 SSP3 路径相反，需要较高的劳动力参与率支撑，提高收敛至 0.80 左右。SSP4 路径下以极其缓慢的速度收敛至 0.75。65 岁以上年龄段的 LFPR 在 SSP 方案设定中没有区别，在当前的收入水平下，均维持 2010 年水平不变，即 0.22。《河北雄安新区规划纲要（2018—2035 年）》中指出打造全球创新高地、建设人才特区，规划目标 2035 年平均受教育年限 13.5 a，依此标准进行平均受教育年限未来参数假设。结合不同 SSPs 路径下各年龄段总人口数，可以得到未来的劳动投入量 L。

表 5-19　不同 SSPs 路径下分年龄段劳动参与率 LFPR

	SSP1	SSP2	SSP3	SSP4	SSP5
15～64 岁 LFPR	0.70	0.70	0.60	0.75	0.80
≥65 岁 LFPR	0.22	0.22	0.22	0.22	0.22
15～64 岁 LFPR 收敛时间 /a	100	100	100	400	100

雄安新区目前属于中等收入水平，其 SSPs 路径下的 TFP 假设如表 5-20 所示。在中等发展水平假设中，科技进步维持当前水平，TFP 年均增长率为 0.70%；而高 / 低发展水平较中等发展水平高 / 低 50%，分别为 1.05% 和 0.35%（Dellink et al.，2015）。不同 SSPs 下，TFP 呈现不同的年均增长率。SSP1、SSP2、SSP4 路径下为中等发展水平，SSP3 路径下为低等发展水平，SSP5 路径下为高等发展水平。不同 SSPs 路径下，TFP 呈现不同的年均增长率，TFP 增速的收敛速度亦存在差异。维持现状的 SSP2 路径为中速收敛，注重科技发展的 SSP1 和 SSP5 路径能较快追赶世界发达国家，区域差异大的 SSP3 和 SSP4 路径则需更久的时间才能达到。

表 5-20　不同 SSPs 路径下全要素生产率 TFP

TFP	SSP1	SSP2	SSP3	SSP4	SSP5
增长速度	中	中	低	中	高
收敛速度	高	中	低	低	高

SSP1～SSP5 路径下，资本输出的弹性系数 α 的长期变化水平见表 5-21。SSP1 和 SSP5 路径注重高层次的国际合作，而 SSP5 路径下相对更高，将会受到更多资本积累

的影响，资本弹性系数 α 分别收敛于 0.35 和 0.45，收敛时间分别为 75 a 和 250 a。SSP2 路径下，α 长期缓慢收敛于 0.35，收敛时间为 150 a。SSP3 路径下，收敛速度也较慢，α 收敛于 0.25。SSP4 路径下的国家经济为资本密集型的发展情景，α 收敛于 0.3，收敛时间约为 75 a。

表 5-21　不同 SSPs 路径下资本产出弹性系数 α

参数	SSP1	SSP2	SSP3	SSP4	SSP5
长期资本产出弹性系数 α	0.35	0.35	0.25	0.3	0.45
到 α 的收敛时间 /a	75	150	150	75	250

4. 经济预估模型模拟效果验证

为验证柯布—道格拉斯经济生产函数对雄安新区 GDP 的预估效果，选取维持现有经济发展速度的中间路径 SSP2 下 GDP 的模拟结果，与 2010—2016 年雄安新区安新县、容城县、雄县经济统计资料进行对比。统计资料显示，2010—2016 年雄安新区安新县、容城县和雄县年均 GDP 分别为 62.65 亿元、54.34 亿元和 82.79 亿元，同期模型模拟的年均 GDP 分别为 65.55 亿元、54.26 亿元和 80.26 亿元，2010—2016 年 GDP 总和误差均在 5% 以内。将逐年模拟结果和统计数据对比发现，安新县 2013—2016 年模拟误差相对较大，这可能由于在此期间，为缓解京津冀地区雾、霾污染严重的问题，关停了大量低产能企业，第二产业产值大幅减少，导致安新县在 2013 年以后 GDP 呈下降的趋势。这一政策因素的影响，模型难以模拟，误差较大，但模型模拟趋势与实际趋势基本一致，2013 年为明显的 GDP 变化转折点，2013 年后 GDP 增速明显放缓（图 5-6a）。容城县和雄县也受当时政策影响，2014 年 GDP 不同程度上减少或增速变缓，但相比安新县第二产业产值减少较少，模型可以较好地模拟预估，统计和模拟数据误差平均为 2.5% 和 5.4%，误差范围在 0.5%～8.5%（图 5-6b 和图 5-6c）。上述结果表明，柯布—道格拉斯经济生产函数对雄安新区的经济模拟效果总体较好，可用于开展经济预估研究。

5.2.3　人口经济承灾体变化趋势

5.2.3.1　SSPs 路径下人口变化趋势

1. 2020—2050 年 SSPs 路径下人口总数变化

雄安新区 5 种共享社会经济路径下的人口及变化趋势分别见表 5-22 和图 5-7 所示，不同路径下人口均呈现增加的趋势，其中 SSP1、SSP2 和 SSP4 三条路径均对应着中等假设下的迁移人口，在 2035 年雄安新区人口分别约为 492.7 万人、502.7 万人和 491.3 万人，与雄安新区规划人口 500 万人接近，到 2050 年雄安新区总人口分别约为 886.1 万人、933.1 万人和 878.7 万人，各路径人口差异不大；SSP3 路径对应着低等假设下

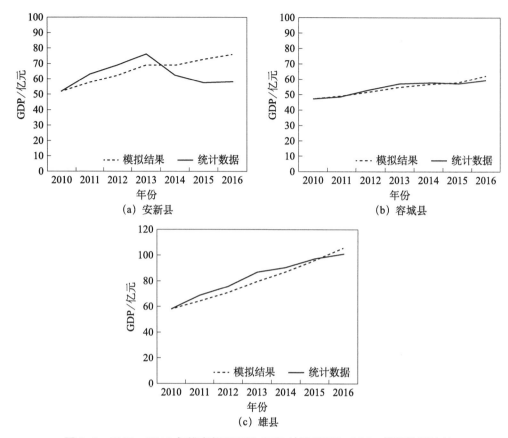

图 5-6   2010—2016 年雄安新区三县 GDP 统计数据与 SSP2 模拟结果比较

的迁移人口，故该路径下人口最少，到 2035 年和 2050 年人口分别约为 317.9 万人和 556.3 万人，没有达到雄安新区规划人口的数量；SSP5 路径对应着高等假设下的迁移人口，人口增长量最多，到 2035 年和 2050 年雄安新区人口分别约为 679.9 万人和 1269.1 万人，人口规模急剧膨胀，远超雄安新区规划人口。

表 5-22   雄安新区 SSP1～SSP5 路径下人口预估结果（万人）

年	SSP1	SSP2	SSP3	SSP4	SSP5
2010	106.7580	106.7580	106.7580	106.7580	106.7580
2015	110.9221	110.9221	110.9221	110.9221	110.9221
2020	129.1213	129.1213	122.0455	129.1213	136.1973
2025	191.7811	192.5355	155.6458	191.5970	229.2087
2030	316.4485	320.2546	222.2973	315.8604	415.8735
2035	492.6645	502.7452	317.9802	491.3331	679.8684
2040	672.4813	692.8181	419.6787	669.8907	949.1102
2045	808.0060	841.3535	502.0088	803.4659	1152.0230
2050	886.0605	933.1288	556.3186	878.7321	1269.1300

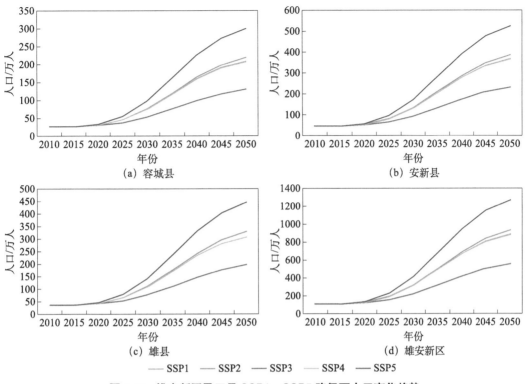

图 5-7　雄安新区及三县 SSP1～SSP5 路径下人口变化趋势

2. 2020—2035 年人口结构变化

（1）人口年龄结构变化

2020—2035 年雄安新区人口年龄结构将处于老年型。2020 年雄安新区年龄中位数约为 38 岁，15～64 岁劳动力人口占总人口的 66.7% 左右。在自然迁移情况下，雄安新区老龄化程度不断加深，到 2035 年年龄中位数约为 42 岁。政策导向迁移情况下，由于人口的迁入，2025 年雄安新区年龄中位数约降至 33.1（32.5～33.8）岁，15～64 岁劳动力人口数约占总人口数量的 79.2%（78.1%～79.6%）；2025—2030 年年龄中位数呈小幅度增加趋势，2030 年约为 33.7（33.6～33.8）岁；到 2035 年雄安新区年龄中位数约为 38.3（37.6～39.0）岁，仍处于初步老龄化社会（图 5-8）。与自然迁移情况下的老龄化程度相比，政策导向迁移减缓了当地的老龄化进程。

自然迁移情况下，雄安新区 2020—2035 年 0～14 岁人口占总人口比重呈下降趋势，少年系数由 2020 年的 22% 左右下降至 2035 年的 17.1% 左右。政策导向迁移情况下，2020—2035 年雄安新区 0～14 岁人口数量不断增加。0～14 岁人口数量从 2020 年的 27 万人上升至 2035 年的 66.3（63.1～69.5）万人，但是 0～14 岁人口占总人口的比重呈先降再增总体下降的趋势。少年系数由 2020 年的 22% 左右逐渐下降至 2030 年的 11.1%（11.0%～11.2%），随后小幅增加至 2035 年的 12.9%（12.4%～13.5%）（图 5-9a）。

由于雄安新区高教育水平人口的大量迁入，造成生育率的降低，雄安新区出现少子化问题。

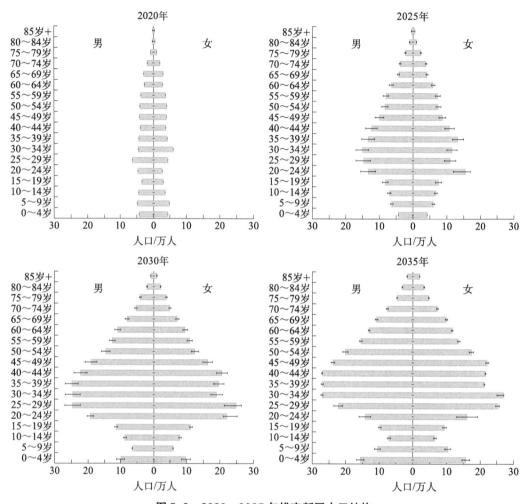

图 5-8 2020—2035 年雄安新区人口结构

自然迁移情况下，65 岁及以上人口占总人口比重呈上升趋势，老年系数由 2020 年的 11.4% 上升至 2035 年的 18.4% 左右，老龄化程度不断加深。政策导向迁移情况下，2020—2035 年雄安新区老年人口数量呈不断增加的趋势，65 岁及以上人口数量约从 2020 年的 14 万人增加至 2035 年的 55.8（54.0～57.6）万人。2020 年老年系数约为 11.4%，由于劳动力人口的大量迁入增加了雄安新区人口基数，老年系数迅速下降，到 2025 年约降至 9.0%（8.7%～9.5%），到 2035 年老年系数回升至 10.9%（10.6%～11.1%）左右。总体上雄安新区老年系数比重呈现微弱下降的趋势（图 5-9b）。在 2035 年前雄安新区老龄化进程不仅没有加重，而且由于人口的迁入，新区人口年龄结构更加年轻。

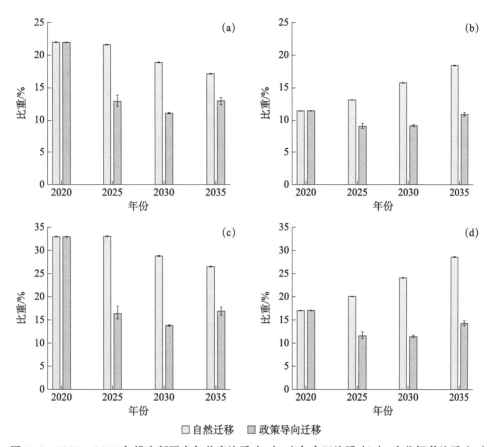

图 5-9　2020—2035 年雄安新区少年儿童比重（a）、老年人口比重（b）、少儿抚养比重（c）
和老年抚养比重（d）

自然迁移情况下，雄安新区 2020—2035 年少儿抚养比重呈下降趋势，而老年抚养比重呈上升趋势，总抚养比呈上升趋势，由 2020 年的 50.0% 左右上升至 2035 年的 55.2% 左右，劳动力人口抚养压力大。政策导向迁移情况下，2020—2035 年雄安新区少儿抚养比重和老年抚养比重均呈先降再增总体下降的趋势。2020 年少儿抚养比重约为 33%，到 2030 年少儿抚养比重下降至 13.9%（13.8%～14.0%）左右，2030—2035 年少儿抚养比重呈现小幅上升趋势，到 2035 年少儿抚养比重约为 17.0%（16.0%～18.0%）（图 5-9c）。老年抚养比重由 2020 年的 17.0% 左右下降至 2025 年的 11.6%（11.0%～12.4%）左右，到 2035 年逐渐回升至 14.2%（13.9%～14.6%）（图 5-9d）。2020—2035 年 15～64 岁人口数量处于不断增加趋势。雄安新区总抚养比重由 2020 年的 50.0% 波动下降至 2035 年的 31.2%（29.9%～32.6%），雄安新区年龄结构有所改善，减轻了当地劳动力人口的抚养压力。

（2）人口性别和教育水平结构变化

自然迁移情况下，2020—2035 年雄安新区人口总性别比总体上呈下降趋势，由

2020 年的 108.3 左右下降至 2035 年的 105.0 左右。政策导向迁移情况下，总人口性别比由 2020 年的 108.3 下降至 2035 年的 105.0（104.9～105.2），人口性别比约下降 3.3（3.1～3.4）（图 5-10）。2020—2035 年 0～14 岁男女性别比呈波动下降趋势，约从 107.5 下降至 102.6（102.1～103.2），新生儿比重趋于平衡；15～64 岁男女性别比总体呈下降趋势，由 2020 年的 108.2 下降至 2035 年的 105.7（105.6～105.8），劳动年龄人口性别比呈下降趋势；65 岁及以上人口性别比总体呈上升趋势，由 96.0 上升至 103.5 左右。雄安新区性别结构虽有所改善，但仍存在性别结构不平衡问题。

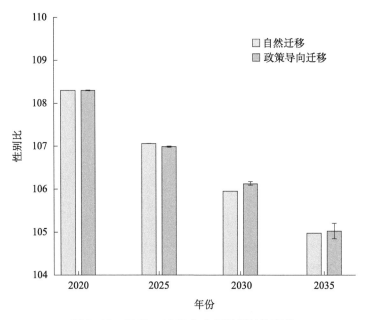

图 5-10　2020—2035 年人口性别结构变化

自然迁移情况下，2020—2035 年雄安新区受教育水平年限约从 9 a 上升至 10 a，依旧是中学教育水平占主导地位，大学及以上水平由 8.0% 上升至 17.4% 左右（图 5-11a）。政策导向迁移情况下，2020—2035 年雄安新区平均受教育年限呈增加趋势，约从 2020 年的 9 a 上升至 2035 年的 13.5 a。2020 年文盲水平人口占总人口的比重约为 14%，小学教育水平人口占总人口的比重约为 31%，中学教育水平人口占总人口的比重约为 47%，大学及以上教育水平人口占总人口的比重约为 8%。2035 年人口受教育年限大幅增加，教育结构变化明显。文盲、小学和中学教育水平人口比重分别下降至 8.9%（8.4%～9.5%）、12.4%（12.3%～12.7%）和 27.8%（27.7%～28.3%），大学及以上教育水平人口占总人口的比重增加到 50.9%（50.5%～51.8%）（图 5-11b）。迁移人口优化了新区的教育结构，逐渐由原来的中学教育水平占主导地位转变为大学及以上教育水平占主导地位。

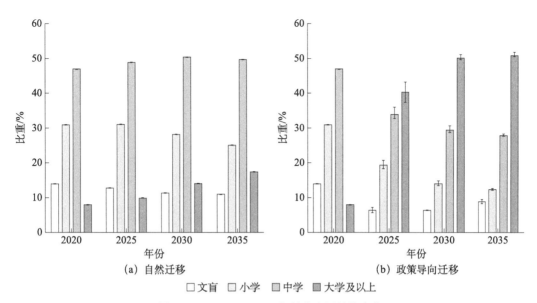

（a）自然迁移　　　　　　　　　　　（b）政策导向迁移

□文盲　□小学　▨中学　▨大学及以上

图 5-11　2020—2035 年教育水平结构变化

5.2.3.2　经济预估变化趋势

1. 2020—2050 年 GDP 总量变化

2020—2050 年雄安新区及下辖各县 GDP 预估结果如图 5-12 所示。由于大量高素质劳动力的迁入以及发展路径的差异，雄安新区 GDP 呈不同程度上的增长。在可持续发展的 SSP1 路径下，GDP 先呈平缓上升的趋势，由于该路径注重科学创新、技术进步，GDP 在 2035 年后开始显著性上升，呈指数型增长趋势，2050 年安新县、容城县和雄县GDP 总量分别达到 8203.49 亿元、5163.05 亿元和 7460.83 亿元。以传统化石燃料为主的发展路径 SSP5 下 GDP 增长态势与 SSP1 路径基本一致，但 SSP5 路径下更注重经济发展，更多劳动力的投入使得 GDP 增速更快，安新县、容城县和雄县 2050 年 GDP 分别能到达 9893.60 亿元、6433.09 亿元和 14345.17 亿元，为 5 条路径中最高，与 2010 年三县 GDP 相比，增长百倍有余。中间路径 SSP2 和不均衡路径 SSP4 下，GDP 维持持续稳定的增长，SSP2 路径下安新县、容城县和雄县 2050 年 GDP 分别达到 5069.64 亿元、3842.19 亿元和 6270.81 亿元，而 SSP4 路径下增速相对缓慢，安新县、容城县和雄县 GDP 于 2050 年分别达到 2893.88 亿元、2168.51 亿元和 3981.36 亿元。而区域竞争路径 SSP3 下，区域间缺少协调发展，GDP 增长趋势最为缓慢，始终保持极为缓慢的增长，雄安新区三县 2050 年 GDP 仅分别达到 627.49 亿元、503.28 亿元和 803.86 亿元，不到SSP5 路径下的 1/12。2050 年 GDP 最高的 SSP5 路径和最低的 SSP3 路径经济差距可达到约 2.8 万亿元。在 2050 年 SSP1 路径下，安新县一跃成为雄安新区 GDP 最高的县域，而在其他路径下，雄县均为 GDP 最高的县域，无论在哪种 SSPs 路径下，容城县均为雄安新区 GDP 最低的县域。雄安新区 2050 年 GDP 总量在 SSP1～SSP5 路径下分别为20827.38 亿元、15182.64 亿元、1934.63 亿元、9043.75 亿元和 30671.86 亿元。

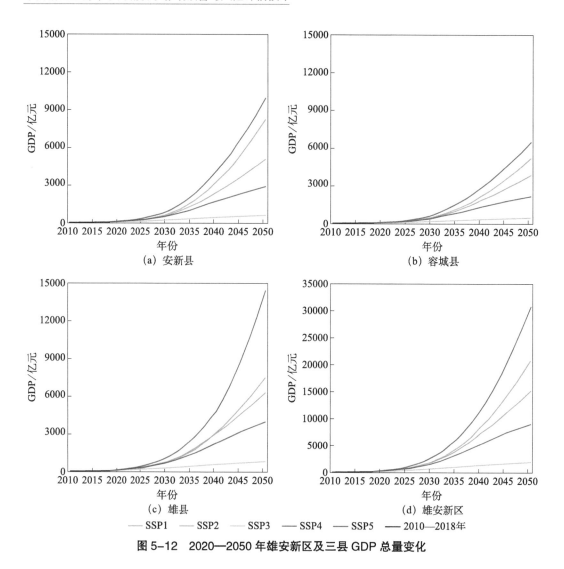

图 5-12   2020—2050 年雄安新区及三县 GDP 总量变化

2. 2020—2050 年 GDP 增速变化

　　雄安新区及其下辖各县 GDP 增速如图 5-13 所示。从经济增速来看，雄安新区的经济增速在 2010—2016 年处于较为紊乱的状态。安新县 2011 年 GDP 增速高达 20% 以上，之后经济增速减慢但依旧保持较快的增速，到 2013 年增速均在 10% 左右，2013年之后由于第二产业的减少，经济开始出现大幅负增长，至 2016 年才恢复增长。容城县和雄县经济增速基本呈波动上升趋势，但 2014—2016 年也受到影响，增速大幅降低，容城县甚至也出现了负增长的情况。SSP1、SSP2、SSP4 和 SSP5 路径下，雄安新区经济增速变化趋势基本一致，在 2020 年代初迎第一个峰值，均在 20% 以上，后回落至 15%～20%，于 2028 年达到最大峰值，2030—2050 年增速波动下降。SSP3 路径下，GDP 增速最为缓慢，几乎只是其他路径的一半，整体呈先波动上升后波动下降趋势。

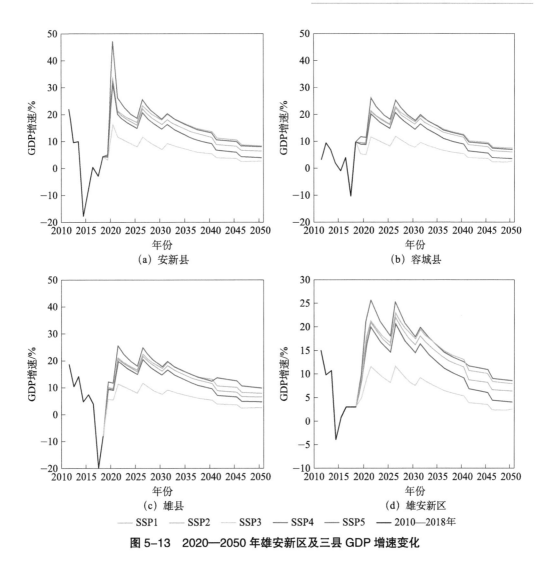

图 5-13　2020—2050 年雄安新区及三县 GDP 增速变化

SSPs 路径下雄安新区及各县 2020—2050 年年均经济增速如表 5-23 所示。SSP1、SSP2、SSP4 和 SSP5 路径下雄安新区均保持较高的经济增长速度，年均增速 11% 以上；SSP1 和 SSP5 路径下，经济发展最快，年均增速在 14% 以上；SSP3 路径下经济发展速度最慢，年均增速仅 6.4% 左右。

表 5-23　不同 SSPs 下雄安新区及三县 2020—2050 年年均 GDP 增速（%）

区域	SSP1	SSP2	SSP3	SSP4	SSP5
安新县	15.1	13.2	6.4	11.2	15.4
容城县	14.3	13.2	6.5	11.1	14.8
雄县	14.3	13.2	6.4	11.5	15.9
雄安新区	14.6	13.2	6.4	11.3	15.4

5.3　人口经济承灾体数据格网化

5.3.1　数据基础

5.3.1.1　土地利用数据

采用雄安新区 2015 年和 2035 年 2 期的土地利用数据。2015 年的土地利用来源于中国科学院资源环境科学与数据中心，空间分辨率为 30 m×30 m，共有 6 个大类 25 个小类（表 5-24），按照土地利用类型的一级分类对其进行重分类，发现雄安新区主要有 4 类土地利用类型，分别为耕地、城乡工矿及居民用地、水域和林地，其占全区总面积的百分比分别为 69.01%、18.29%、12.16% 和 0.54%。2035 年的土地利用来源于雄安新区 2035 年的用地规划图，将其矢量化并重采样为 30 m×30 m 分辨率的栅格数据，主要包括耕地、林地、水域以及城乡工矿用地（其他用地和居住地归为城乡工矿用地一类）四大类，如图 5-14b 图所示。

表 5-24　2015 年雄安新区土地利用类型及面积占比

一级类型		二级类型		占全区面积的百分比 /%
编号	名称	编号	名称	
1	耕地	11	水田	69.01
		12	旱地	
2	林地	21	有林地	0.54
		22	灌木林	
		23	疏林地	
		24	其他林地	
3	草地	31	高覆盖度草地	0.00
		32	中覆盖度草地	
		33	低覆盖度草地	
4	水域	41	河渠	12.16
		42	湖泊	
		43	水库坑塘	
		44	永久性冰川雪地	
		45	滩涂	

一级类型		二级类型		占全区面积的百分比 /%
编号	名称	编号	名称	
4	水域	46	滩地	
5	城乡工矿、居民用地	51	城镇用地	18.29
		52	农村居民点	
		53	其他建设用地	
6	未利用土地	61	沙地	0.00
		62	戈壁	
		63	盐碱地	
		64	沼泽地	
		65	裸土地	
		66	裸岩石砾地	
		67	其他	

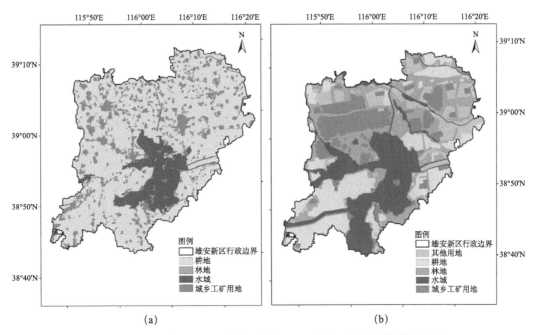

图 5-14　雄安新区 2015 年（a）和 2035 年（b）土地利用类型分布

5.3.1.2　人口数据

　　人口统计数据来源于《中国县域统计年鉴（乡镇卷）》和《保定经济统计年鉴》，主要包括 2017 年雄安新区 33 个乡镇人口以及 2017—2018 年雄安新区三县人口。未来人口数据采用 SSP2 路径下 2035 年和 2050 年雄安新区三县的预估人口（表 5-25）。

表 5-25   雄安新区及三县人口数据（万人）

区域	2017 年	2018 年	2035 年	2050 年
容城县	27.0825	27.6372	118.8755	219.1212
安新县	48.0521	53.0807	208.6054	385.4766
雄县	43.0838	53.7584	175.2643	328.5310
雄安新区	118.2184	134.4763	502.7452	933.1288

5.3.1.3   经济数据

雄安新区的经济统计数据来源《保定经济统计年鉴》，主要包括 2018 年雄安新区三县 GDP 以及第一、二、三产业产值数据。未来 GDP 预估数据采用 SSP2 路径下雄安新区 2035 年和 2050 年的 GDP（表 5-26）。

表 5-26   雄安新区及三县经济数据（亿元）

区域	2018 年				2035 年	2050 年
	GDP	第一产业（G1）	第二产业（G2）	第三产业（G3）	GDP	GDP
容城县	54.2754	8.0763	24.1926	22.0065	1070.92	3842.19
安新县	58.4845	10.0453	20.2593	28.1799	1370.73	5069.64
雄县	73.2539	10.4658	35.4744	27.3137	1721.80	6270.81
雄安新区	186.0138	28.5874	79.9263	77.5001	4163.45	15182.64

5.3.1.4   基础地理信息数据

基础地理信息数据主要包括雄安新区及下辖的 33 个乡镇行政区划界线，其中雄县辖 8 镇、4 乡（包含托管 2 镇、1 乡），安新县辖 9 镇、4 乡（包含托管 1 乡），容城县辖 5 镇、3 乡，该数据来源于国家基础地理信息中心。

5.3.2   格网化方法

人口经济数据格网化的方法主要有空间插值法、遥感像元特征反演法、夜间灯光建模法、土地利用类型法以及多源地理信息融合法等。本研究采用土地利用类型法，将每种土地利用类型的面积和统计年鉴中的人口经济数据进行多元回归分析，构建人口经济空间化模型，实现数据的格网化。

5.3.2.1　人口数据格网化

1. 2018 年人口格网化

以 2017 年 33 个乡镇的人口密度为因变量，不同土地利用类型指数（不同土地利用类型的面积占所在乡镇总面积的比值）为自变量，遵循"无土地利用无人口"的原则，将常数项设置为 0 进行回归分析，回归结果见表 5-27。分析发现，模型 1～3 的拟合优度均较高，R^2 均为 0.96，说明各乡镇人口密度与水田、旱地、城镇用地、农村居民点 4 类土地利用类型关系密切。模型 4 中引入 7 类土地利用类型后，模型的拟合优度不仅明显下降，同时其他林地的回归系数变为负值，这与实际不符合，说明模型 4 构建的回归方程不合适。考虑到雄安新区旱地所占面积比值较大，选择模型相对误差较小的模型 2 构建人口密度与水田、旱地、城镇用地、农村居民点之间的多元回归方程，进行 2017 年人口数据的格网化，分辨率为 30 m×30 m。由于 2018 年只有县域的人口统计数据，通过计算 2017 年雄安新区每个格网人口占县域人口的比例，依此比例，统计 2018 年雄安新区人口的空间分布。

表 5-27　雄安新区 33 个乡镇人口密度与各种土地利用指数的回归模型

模型编号	回归方程	拟合优度	相对误差 /%
1	$Y=777.129×R_{11}+3659.244×R_{51}+3621.739×R_{52}$	$R^2=0.96$	3.44
2	$Y=855.602×R_{11}+106.060×R_{12}+3509.705×R_{51}+3227.766×R_{52}$	$R^2=0.96$	1.94
3	$Y=817.973×R_{11}+102.742×R_{12}+3391.128×R_{51}+31$	$R^2=0.96$	1.80
4	$Y=791.946×R_{11}+88.440×R_{12}+3268704.947×R_{22}-1315.957×R_{24}$ $+3412.261×R_{51}+3271.369×R_{52}+1064.811×R_{53}$	$R^2=0.67$	人口密度负值

注：表中 R_{11} 为水田指数、R_{12} 为旱地指数、R_{22} 为灌木林指数、R_{24} 为其他林地指数、R_{51} 为城镇用地指数、R_{52} 为农村居民点指数、R_{53} 为其他建设用地指数、Y 为人口密度。

2. 未来人口格网化

由于未来的人口预估数据仅有县域尺度的，且未来的土地利用分类仅有一级类别，因此利用 2017 年雄安新区各乡镇的人口数据和 2015 年土地利用数据，遵循"无土地利用无人口"的原则，将常数项设置为 0，以人口数为因变量，耕地、城乡工矿用地的面积为自变量，构建多元回归模型如下：

$$p_{op}=155.743×A_1+2928.015×A_5 \tag{5.12}$$

式中，p_{op} 为人口（万人）；A_1 是耕地的面积（km²）；A_5 是城乡工矿用地的面积（km²）；模型的拟合优度 $R^2=0.96$。

利用上述公式，基于 2035 年和 2050 年的人口预估数据和 2035 年土地利用规划数据，进行 2035 年和 2050 年人口格网化处理。

5.3.2.2　经济数据格网化

1.2018 年经济数据格网化

从生产角度计算，国内生产总值（GDP）等于各部门（包括第一、第二和第三产业）增加值之和，其中第一产业，包括农（农作物栽培）、林、牧、渔业；第二产业，包括工业和建筑业；第三产业，除第一、第二产业之外的其他所有经济活动部门。研究发现：第一产业增加值与农、林、牧、渔业的占地面积（即耕地、林地、草地、水域面积）的相关系数大于 0.8；第二和第三产业增加值与建设用地面积的相关系数大于 0.7。因此，采用格网中某种土地利用类型的面积占地区内该土地利用类型面积的比重，来计算每个格网内各土地利用类型所对应的产业增加值，然后将各产业增加值相加，得到一个格网内的总 GDP 数据。

具体而言，遵循"无土地利用则无 GDP"的原则。首先，在雄安新区 2015 年的土地利用图中剔除冰川、裸地等未利用土地，选用耕地、林地、草地、水域、城乡工矿居民地等与 GDP 产值密切相关的土地利用类型，分别建立第一、第二和第三产业 GDP 空间分布模型。第一产业格网化模型如公式（5.13），与其相关的土地利用类型一级分类包括耕地、林地、草地以及水域；第二、第三产业格网化模型如公式（5.14），与城乡工矿、居民用地相对应；最终每个单元的 GDP 产值为公式（5.13）和公式（5.14）计算值的加和，如公式（5.15）所示。

$$G_{\text{DP1}ij} = \sum_{i=1}^{n}(a_i \times L_{ij}) \qquad (5.13)$$

$$G_{\text{DP23}ij} = \sum_{i=1}^{n}(b_i \times L_{5ij}) \qquad (5.14)$$

$$G_{\text{DP}ij} = G_{\text{DP1}ij} + G_{\text{DP23}ij} \qquad (5.15)$$

式中，$G_{\text{DP1}ij}$ 表示第 i 行政区第 j 个栅格的第一产业产值（万元）；$G_{\text{DP23}ij}$ 表示第 i 行政区第 j 个栅格的第二、第三产业产值的加和（万元）；$G_{\text{DP}ij}$ 表示第 i 行政区第 j 个栅格的 GDP 产值（万元）；a_i 为第 i 行政区第一产业的单位面积产值（万元 /m²），即第 i 行政区第一产业值（万元）与第 i 行政区耕地、林地、草地、水域所占面积总和（m²）的比值，b_i 为第 i 行政区第二、三产业的单位面积产值（万元 /m），第 i 行政区第二、第三产业值加和（万元）与第 i 行政区城乡工矿用地所占面积（m²）的比值；L_{ij} 为第 j 个栅格中耕地、林地、草地、水域所占的面积（m²）；L_{5ij} 为第 j 个栅格中城乡工矿居民用地所占的面积（m²）。

2. 未来经济数据格网化

雄安新区未来预估的经济数据仅有雄安新区三县的 GDP 产值，没有分产业产值，不适合采用分产业产值与土地利用关系进行格网化。由于人口密度和地均 GDP 呈明显的比例关系，因此，利用人口数据进行 GDP 地理分配计算。GDP 格网化模型如公式（5.16）所示。

$$单元 GDP =（单元人口 / 区域人口）\times 区域 GDP \tag{5.16}$$

基于雄安新区未来人口格网化的结果和未来预估的 GDP 数据，利用公式（5.16）即可进行未来预估 GDP 的格网化。

5.3.3　格网化结果

5.3.3.1　人口数据格网化结果

按照人口格网化方法，将雄安新区 2018 年人口进行格网化，并用乡镇统计数据对格网化结果进一步修正，修正后的数据与统计数据对比见表 5-28，修正后格网化的结果与统计数据具有很好的一致性，最终的格网化结果见图 5-15。2018 年雄安新区人口总数为 134.4763 万人，雄县 53.7584 万人，安新县 53.0807 万人，容城县 27.6372 万人。雄安新区 2018 年人口空间分布整体比较分散，容城县和雄县较为密集，安新县占地面积较大，水域面积较大，人口分布较为稀疏。

表 5-28　雄安新区及三县 2018 年人口格网化结果与统计数据对比

区域	pop_a/ 万人	pop_b/ 万人	残差 / 万人
安新县	53.0807	50.8814	−0.0004
容城县	27.6372	27.6363	0.0009
雄县	53.7582	46.1575	−0.0005
雄安新区	134.4763	134.4763	0.0000

注：pop_a 为 2018 年统计年鉴统计数据，pop_b 为 2018 年人口格网化并修正后的结果。

2035 年和 2050 年人口格网化结果见表 5-29。《河北雄安新区规划纲要（2018—2035 年）》指出，未来雄安新区以选择特定区域作为起步区先行开发，在起步区划出一定范围规划建设启动区，条件成熟后再有序稳步推进中期发展区建设，并划定远期控制区为未来发展预留空间模式进行发展。结合雄安新区未来人口空间分布可以看出，人口的空间分布主要集中于起步区和外围组团区域，相较于 2018 年人口空间分布状况来说（图 5-15），2035 年和 2050 年的人口空间分布更加集中。从雄安新区的人数总和来看，2035 年总人数为 502.7452 万人，约为 2018 年人数总和的 4 倍，人口大幅增加，2050 年总人数为 933.1288 万人，约为 2035 年人数总和的 1.8 倍，约为 2018 年人数总和的 8

倍，人口不但在数量上迅速增加，而且空间上也有很大的迁移（图 5-16）。

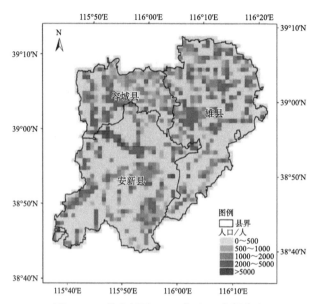

图 5-15　雄安新区 2018 年人口空间分布

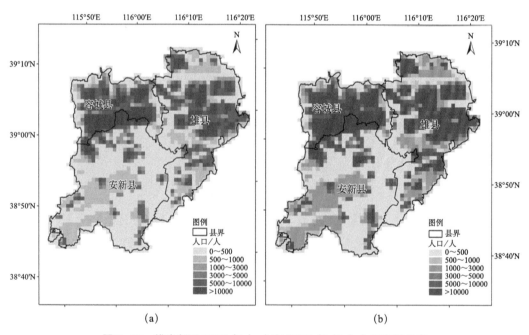

（a）　　　　　　　　　　　　　　　（b）

图 5-16　雄安新区 2035 年（a）和 2050 年（b）人口空间分布

表 5-29　雄安新区及三县人口格网化结果与统计数据对比

年份	区域	pop_pro/万人	pop_sim/万人	残差/万人
2035 年	容城县	118.8755	118.8743	−0.0012
	安新县	208.6054	208.6080	0.0026

年份	区域	pop_pro/ 万人	pop_sim/ 万人	残差 / 万人
2035 年	雄县	175.2643	175.2629	−0.0014
	雄安新区	502.7452	502.7452	0
2050 年	容城县	219.1212	219.1206	−0.0006
	安新县	385.4766	385.4767	0.0001
	雄县	328.5310	328.5315	0.0005
	雄安新区	933.1288	933.1288	0

注：pop_pro 为预估的人口数据，pop_sim 为人口格网化并进行修正后的结果。

5.3.3.2　经济数据格网化结果

基于雄安新区 2015 年的土地利用数据和 2018 年的 3 次产业数据，根据上述公式（5.13）～公式（5.15），构建第一、第二和第三产业产值格网化模型，对雄安新区 2018 年的国内生产总值 GDP 进行空间化处理，并用雄安新区三县统计数据进行修改，最终得到空间化结果如图 5-17 所示，空间化结果与统计数据比较结果见表 5-30。可见 2018 年雄安新区 GDP 的空间分布整体比较分散，容城县、雄县较为集中。

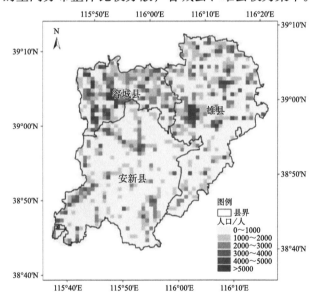

图 5-17　雄安新区 2018 年 GDP 空间分布

表 5-30　雄安新区三县 2018 年 GDP 格网化结果与统计数据对比

县	GDP_a/ 万元	GDP_b/ 万元	残差 / 万元
容城县	542754	542754	0
安新县	584845	584845	0
雄县	732539	732539	0

注：GDP_a 为统计年鉴数据，GDP_b 为格网化并修正后的结果。

根据公式（5.16）基于未来预估人口的空间分布对未来预估 GDP 数据进行空间化，并将计算结果进行修正，修正后的结果如表 5-31 所示，2035 年和 2050 年预估 GDP 的空间分布见图 5-18。未来雄安新区以起步区先行开发，在起步区划出一定范围规划建设启动区，条件成熟后再有序稳步推进中期发展区建设，并划定远期控制区为未来发展预留空间模式进行发展。未来预估的 GDP 在空间上集中在起步区与外围团组，与发展预期较为相符。

表 5-31　雄安新区三县 2035 年和 2050 年 GDP 空间化结果与预估数据对比

年份	县	GDP_a/ 亿元	GDP_b/ 亿元	残差 / 亿元
2035 年	安新县	1370.7266	1370.7336	0.0070
	容城县	1070.9201	1070.9201	0.0000
	雄县	1721.8082	1721.7975	−0.0107
	总和	4163.4549	4163.4512	−0.0037
2050 年	安新县	5069.6161	5069.6421	0.0260
	容城县	3842.1960	3842.1960	0.0000
	雄县	6270.8456	6270.8066	−0.0390
	总和	15182.6577	15182.6447	−0.0130

注：GDP_a 为预估 GDP 数据，GDP_b 为格网化并修正后的结果。

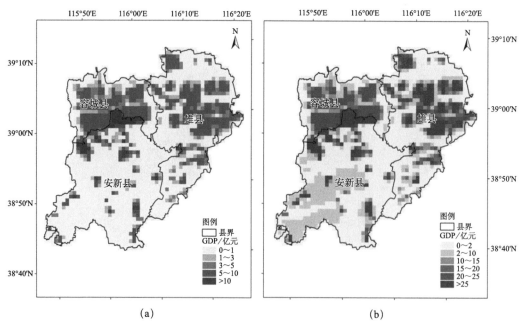

图 5-18　雄安新区 2035 年（a）和 2050 年（b）GDP 空间分布

5.4　小结

本章基于人口—发展—环境分析（PDE）模型和柯布—道格拉斯（Cobb-Douglas）经济生产函数对雄安新区洪水灾害人口经济承灾体变化进行了预估，并结合历史和未来土地利用变化，采用土地利用类型法对人口经济数据进行了格网化。主要结论如下：

① 5 种共享社会经济路径（SSPs）下人口均呈现增加的趋势，其中 SSP1、SSP2 和 SSP4 三条路径下 2035 年雄安新区人口分别约为 492.7 万人、502.7 万人和 491.3 万人，与雄安新区规划人口 500 万人接近，到 2050 年雄安新区总人口分别约为 886.1 万人、933.1 万人和 878.7 万人，各路径人口差异不大；SSP3 路径下人口最少，到 2035 年和 2050 年人口分别约为 317.9 万人和 556.3 万人；SSP5 路径人口增长量最多，在 2035 年和 2050 年人口分别约为 679.9 万人和 1269.1 万人，人口规模急剧膨胀，远超雄安新区规划人口。

② 2020—2035 年雄安新区人口年龄结构将一直处于老年型。由于人口迁入减缓了老龄化的进程，年龄中位数由 2020 年的 38 岁变化至 2035 年的 38.3（37.6～39.0）岁，仍处于初步老龄化阶段，但少子化问题严重，需要进一步采取措施提高生育率。未来雄安新区总男女性别比均呈下降趋势，2020—2035 年男女性别比由 108.3 下降至 105.0 左右，性别结构有所缓解，但依旧处于不平衡状态；教育水平年限约从 9 a 增加至 13.5 a，大学及以上水平约从 8.0% 上升至 50.9%（50.5%～51.8%），教育结构发生巨大的变化，逐渐由原来的中学教育水平占主导地位转为大学及以上教育水平占主导地位。

③ 5 种 SSPs 路径下 GDP 总量均呈现增加的趋势，其中 SSP1 和 SSP5 路径 GDP 增长态势较一致，GDP 先呈平缓上升的趋势，2035 年后开始呈指数型增长趋势；中间路径 SSP2 和不均衡路径 SSP4 下，GDP 持续稳定增长；区域竞争路径 SSP3 下，GDP 增长趋势最为缓慢，始终保持极为缓慢的增长。雄安新区 2050 年 GDP 总量在 SSP1～SSP5 路径下分别为 20827.38 亿元、15182.64 亿元、1934.63 亿元、9043.75 亿元和 30671.86 亿元，GDP 最高的 SSP5 路径和最低的 SSP3 路径经济差距可达到约 2.8 万亿元。

④ SSP1、SSP2、SSP4 和 SSP5 路径下雄安新区均保持较高的经济增长速度，雄安新区经济增速变化趋势基本一致，在 2020 年代初迎第一个峰值，均在 20% 以上，后回落至 15%～20%，于 2028 年达到最大峰值，此后增速波动下降，2020—2050 年年均增速保持 11% 以上；SSP3 路径下，GDP 增速最为缓慢，几乎只是其他路径的一半，整体呈先波动上升后波动下降趋势，年均增速仅 6.4% 左右。

第 **6** 章

影响预警指标体系

6.1 影响预警致灾流量

6.1.1 完备水文资料流域

搜集了南拒马河（北河店）、白沟河（东茨村）和潴龙河（北郭村）流域 1961—2017 年逐日流量以及多次洪水过程流量，其中东茨村水文站共 15 次洪水过程 65 个样本，北河店水文站共 11 次洪水过程 54 个样本、北郭村水文站共 9 次洪水过程 39 个样本，数据较为详细。

对于水文资料较为翔实的流域，首先根据各流域主要洪水过程的洪峰流量和日平均流量记录，绘制白沟河、南拒马河和潴龙河流域洪峰流量与日平均流量关系散点如图 6-1 所示。

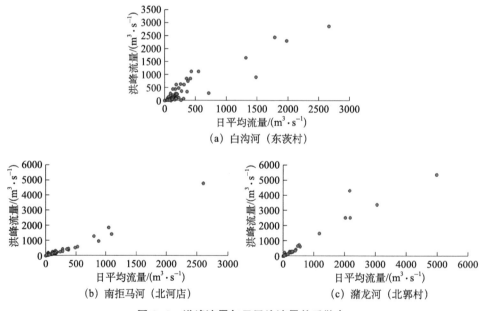

图 6-1 洪峰流量与日平均流量关系散点

由图 6-1 可以看出，3 个流域的洪峰流量和日平均流量存在明显的线性相关关系，因此采用线性模型来建立 3 个流域的洪峰流量和日平均流量的定量关系，结果如表 6-1 所示。

从结果看，南拒马河、白沟河和潴龙河流域的洪峰流量与日平均流量的线性关系都较好，决定系数 R^2 均大于 0.9，且通过显著性检验。

表 6-1   洪峰流量与日平均流量的线性关系

支流	线性关系	R^2	P 值
白沟河（东茨村）	$D_{max}=1.15 \times D_{ave}+59.63$	0.97	0.000
南拒马河（北河店）	$D_{max}=1.70 \times D_{ave}-68.41$	0.97	0.000
漕龙河（北郭村）	$D_{max}=1.19 \times D_{ave}+32.65$	0.94	0.000

注：D_{max} 为洪峰流量，D_{ave} 为日平均流量。

其次，基于各流域 1961—2017 年逐日流量数据，分别采用广义极值分布（GEV）和对数皮尔逊Ⅲ型分布（LP3）计算各流域不同重现期（10 a 一遇、20 a 一遇、30 a 一遇、50 a 一遇、100 a 一遇和 200 a 一遇）的日平均流量，并根据表 6-1 建立的"洪峰流量—日平均流量"关系，推算一级洪水致灾洪峰流量对应的日平均流量，表 6-2～表 6-4 分别是白沟河、南拒马河和漕龙河流域不同重现期的日平均流量与对应洪峰流量结果。

白沟河的现状泄量为 2000 m³·s⁻¹，对应的日平均流量重现期约为 160～180 a，将现状泄量对应的日平均流量作为洪水一级预警致灾阈值，洪水二级、三级和四级预警指标则选择重现期为 50 a、20 a 和 10 a 的日平均流量。南拒马河的现状泄量为 3500 m³·s⁻¹，对应的日平均流量重现期为 120～140 a，将现状泄量对应的日平均流量作为洪水一级预警致灾阈值，洪水二级、三级和四级预警指标则选择重现期为 50 a、20 a 和 10 a 的日平均流量。漕龙河的现状泄量为 2000 m³·s⁻¹，对应的日平均流量重现期为 35～60 a，将现状泄量对应的日平均流量作为洪水一级预警致灾阈值，洪水二级、三级和四级预警指标则选择重现期为 30 a、20 a 和 10 a 的日平均流量。

表 6-2   白沟河（东茨村）不同重现期的日平均流量与对应洪峰流量（m³·s⁻¹）

年遇型	洪水分级	GEV 分布		LP3 分布	
		日平均流量	洪峰流量	日平均流量	洪峰流量
10 a	四级	300	420	340	448
20 a	三级	500	612	525	664
30 a	—	610	768	670	834
50 a	二级	850	1008	900	1091
100 a	—	1225	1469	1300	1564
200 a	—	1810	2144	1875	2217
现状泄量	一级	1700	2000	1690	2000

注：白沟河的现状泄量为 2000 m³·s⁻¹。

表 6-3   南拒马河（北河店）不同重现期的日平均流量与对应洪峰流量（m³·s⁻¹）

年遇型	洪水分级	GEV 分布		LP3 分布	
		日平均流量	洪峰流量	日平均流量	洪峰流量
10 a	四级	320	466	380	575
20 a	三级	550	833	650	1035
30 a	—	710	1139	860	1401
50 a	二级	1050	1665	1210	1990
100 a	—	1650	2736	1850	3082
200 a	—	2650	4440	2750	4614
现状泄量	一级	2100	3500	2100	3500

注：南拒马河的现状泄量为 3500 m³·s⁻¹。

表 6-4   潴龙河（北郭村）不同重现期的日平均流量与对应洪峰流量（m³·s⁻¹）

年遇型	洪水分级	GEV 分布		LP3 分布	
		日平均流量	洪峰流量	日平均流量	洪峰流量
10 a	四级	380	475	540	676
20 a	三级	700	844	1060	1292
30 a	二级	1000	1172	1490	1807
50 a	—	1450	1762	2210	2664
100 a	—	2535	3050	3570	4285
200 a	—	4395	5263	5500	6581
现状泄量	一级	1700	2000	1700	2000

注：潴龙河的现状泄量为 2000 m³·s⁻¹。

6.1.2   不完备水文资料流域

唐河（温仁）、清水河（北辛店）、漕河（漕河）、瀑河（徐水国平）、府河（东安）、萍河（下河西）、孝义河（东方机站）流域缺乏长时间序列的逐日流量和洪水过程洪峰流量记录，首先采用 HBV 水文模型基于邻近流域经过校验的水文参数模拟各流域 1961—2017 年的逐日流量，图 6-2 为各流域 1961—2017 年模拟径流变化。

其次，基于模拟的各流域逐日流量分别采用广义极值分布（GEV）和对数皮尔逊Ⅲ型分布（LP3）计算不同重现期（10 a 一遇、20 a 一遇、30 a 一遇、50 a 一遇、100 a 一遇和 200 a 一遇）的日平均流量。

最后，根据各流域现状流量的大小，对比分析确定洪水分级致灾流量。

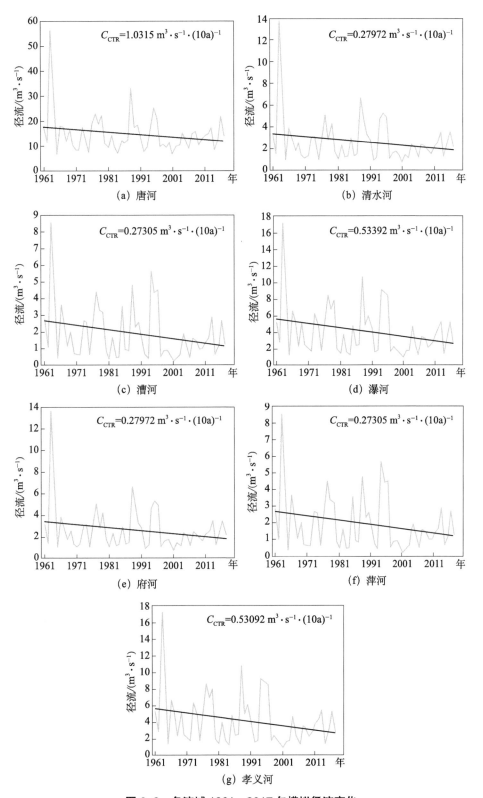

图 6-2　各流域 1961—2017 年模拟径流变化

唐河的现状泄量为 500 m³·s⁻¹；清水河的现状泄量为 300 m³·s⁻¹；漕河的现状泄量为 400 m³·s⁻¹；瀑河的现状泄量为 200 m³·s⁻¹。这些流域的现状泄量相对较小，并且多数流域如瀑河、漕河、府河和萍河等流域面积也较小，故选择 100 a、50 a、20 a 和 10 a 重现期对应的日平均流量作为各流域洪水一级、二级、三级和四级预警致灾流量。唐河（温仁）、清水河（北辛店）、漕河（漕河）、瀑河（徐水国平）、府河（东安）、萍河（下河西）、孝义河（东方机站）流域不同重现期的日平均流量见表 6-5～表 6-11。

表 6-5　唐河流域不同重现期的流量（m³·s⁻¹）

年遇型	洪水分级	流量	
		GEV 分布	LP3 分布
10 a	四级	480	510
20 a	三级	700	720
30 a	—	850	870
50 a	二级	1100	1090
100 a	一级	1550	1450
200 a	—	2150	1890

注：唐河的现状泄量为 500 m³·s⁻¹。

表 6-6　漕河流域不同重现期的流量（m³·s⁻¹）

年遇型	洪水分级	流量	
		GEV 分布	LP3 分布
10 a	四级	70	80
20 a	三级	100	116
30 a	—	130	140
50 a	二级	170	180
100 a	一级	250	235
200 a	—	340	300

注：漕河的现状泄量为 400 m³·s⁻¹。

表 6-7　瀑河流域不同重现期的流量（m³·s⁻¹）

年遇型	洪水分级	流量	
		GEV 分布	LP3 分布
10 a	四级	115	130
20 a	三级	175	190
30 a	—	220	240

续表

年遇型	洪水分级	流量	
		GEV 分布	LP3 分布
50 a	二级	300	315
100 a	一级	450	440
200 a	—	630	600

注：瀑河的现状泄量为 200 m³·s⁻¹。

表 6-8　清水河流域不同重现期的流量（m³·s⁻¹）

年遇型	洪水分级	流量	
		GEV 分布	LP3 分布
10 a	四级	190	220
20 a	三级	300	340
30 a	—	380	420
50 a	—	500	530
100 a	二级	750	720
200 a	一级	1070	940

注：清水河的现状泄量为 300 m³·s⁻¹。

表 6-9　府河流域不同重现期的流量（m³·s⁻¹）

年遇型	洪水分级	流量	
		GEV 分布	LP3 分布
10 a	四级	69.6	78.5
20 a	三级	104.5	116.4
30 a	—	131.2	142.2
50 a	二级	170.9	178.6
100 a	一级	243.5	235.8
200 a	—	343.5	302.3

表 6-10　萍河流域不同重现期的流量（m³·s⁻¹）

年遇型	洪水分级	流量	
		GEV 分布	LP3 分布
10 a	四级	115.7	126.8
20 a	三级	176.1	192.9

年遇型	洪水分级	流量	
		GEV 分布	LP3 分布
30 a	—	223.9	241.3
50 a	二级	296.9	314.3
100 a	一级	434.6	439.4
200 a	—	631.8	601.3

表 6-11　孝义河流域不同重现期的流量（$m^3 \cdot s^{-1}$）

年遇型	洪水分级	流量	
		GEV 分布	LP3 分布
10 a	四级	190	220
20 a	三级	300	340
30 a	—	380	420
50 a	—	500	530
100 a	二级	750	720
200 a	一级	1070	940

最终，基于 K-S 检验的结果表明，各流域 GEV 分布拟合效果相比 LP3 分布拟合的效果更优，因此，确定各流域包括白沟河流域（东茨村）、唐河流域（温仁）、清水河流域（北辛店）、漕河流域（漕河）、瀑河流域（徐水国平）、府河（东安）、萍河（下河西）、孝义河（东方机站）的洪水分级预警致灾流量如表 6-12 所示。

表 6-12　各流域洪水分级预警致灾流量（$m^3 \cdot s^{-1}$）

年遇型	预警等级	南拒马河	潴龙河	白沟河	唐河	漕河	瀑河	清水河	府河	萍河	孝义河
10 a	四级	320	380	300	480	70	115	190	70	115	190
20 a	三级	550	700	500	700	100	175	300	100	175	300
50 a/30 a*	二级	1050	1000*	850	1100	170	300	500	170	300	500
100 a/ 现状泄量 #	一级	2100#	1700#	1700#	1550	250	450	750	250	450	750

注：* 表示二级预警洪水选用 30 a 一遇致灾流量，# 表示一级预警洪水选用现状泄量。

6.2　降水—径流关系建模

6.2.1　基于水文模型的降水—径流关系建模

选择具有径流观测数据的南拒马河（北河店）、潴龙河（北郭村）和白沟河（东茨村）3 个流域，基于 HBV 水文模型对流域的降水—径流关系进行模拟，具体的模拟方法见 4.1.1 节，结果见图 4-4、图 4-5、图 4-7。其他观测径流缺失的流域则采用邻近原则，使用已经校验的流域水文参数进行降水—径流关系建模。

从模型模拟结果可见，HBV 水文模型能够较好地描述各子流域的日径流和月径流变化过程，总体能较好地捕捉各子流域降水—径流的非线性关系。但是，在洪水过程的峰值部分模拟仍有不足，其原因可能是尽管水文模型能很好地模拟流域的天然降水—径流关系，但在径流影响要素的考虑上仍有欠缺。雄安新区上游中小河流的降水—径流关系复杂且受人类活动影响显著，因此，引入新兴的机器学习模型，尝试考虑更多的影响因素对各子流域降水—径流关系进行建模。

6.2.2　基于机器学习模型的降水—径流关系建模

机器学习模型可以引入更多的影响因素，直接从数据层面深入挖掘流量和降雨等变量间的相关关系，具有建模简单、基础数据需求少、计算复杂度低、拟合效果好等优点，并且还能够很好地弥补普通数理统计方法对非线性非平稳序列拟合不足的问题。

利用雄安新区上游中小河流逐日降水量和逐日流量资料，生成多个前期流量和降水量的相关变量，包括当日降水 pre，前 1 d 降水 pre_lag1，前 2 d 降水 pre_lag2，前 3 d 降水 pre_lag3，前 1 d 径流量 dis_lag1，前 2 d 径流量 dis_lag2，前 3 d 径流量 dis_lag3，一年第 N 天 day of year，利用机器学习方法对各前期流量和降水量相关变量对当日径流影响的重要性进行评估，选择重要性较高的变量构建降水—径流的关系。

6.2.2.1　影响因素选择

表 6-13 为基于 XGBoost（Exterme Gradient Boosting）极限梯度提升算法引入所有变量进行建模的影响因素重要性排序结果，各影响因素得分越高表明该影响因素在建立的机器学习模型中重要性程度越高。由表 6-13 可以看出，各流域均以当日降水和前一日流量为影响径流变化最重要的因素，因此，在后续的所有机器学习模型的构建中均采用这两个特征变量进行建模。

表 6-13   降水—径流建模的影响因素重要性得分

流域（水文站）	影响因素的重要性得分

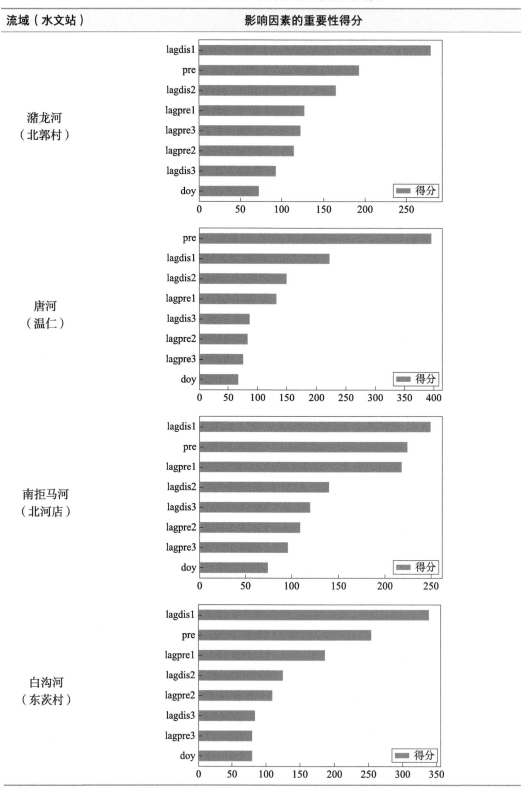

流域（水文站）	影响因素的重要性得分

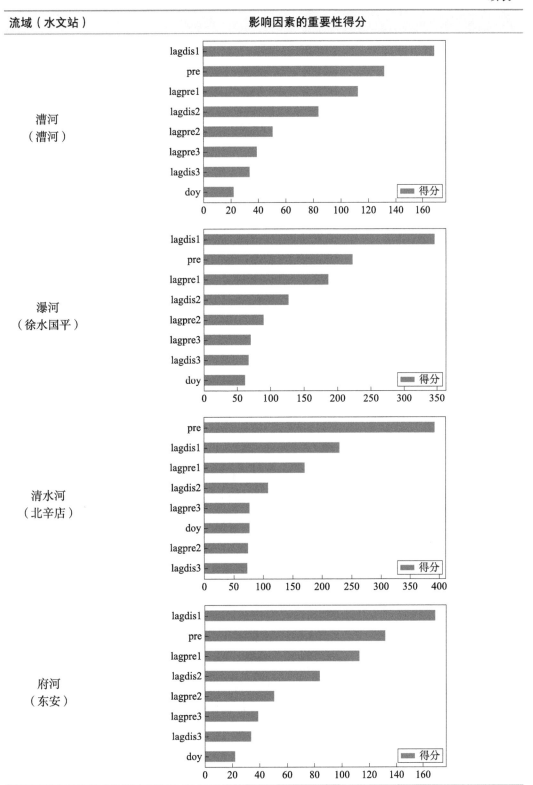

流域（水文站）	影响因素的重要性得分

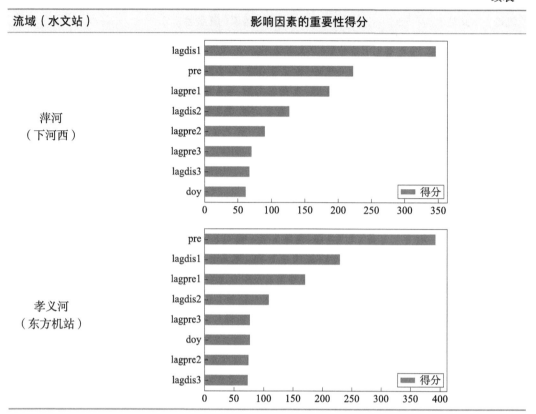

6.2.2.2　机器学习模型的训练与验证

表 6-14 为不同机器学习模型建立的降水—径流关系在训练期和验证期的纳什效率系数结果。总的来看，机器学习方法相比线性回归方法都能更好地模拟出降水—径流关系。从机器学习模型的对比看，整体上随机森林算法的表现相对更好，各站点建立的关系在训练期和验证期的纳什效率系数（NSE）也都较高。训练期 10 个流域水文站点随机森林算法的纳什效率系数都在 0.95 以上，验证期各流域表现略有差异，白沟河流域（东茨村）的验证结果最好，随机森林算法的纳什效率系数高于 0.9；其次是潴龙河流域（北郭村）、清水河流域（北辛店）、孝义河流域（东方机站）、漕河流域（漕河）、瀑河流域（徐水国平）、府河（东安）、萍河（下河西），其随机森林算法在验证期纳什效率系数也高于 0.8；唐河流域（温仁）随机森林算法的纳什效率系数接近 0.8；南拒马河流域（北河店）随机森林算法的表现最差，但纳什效率系数也高于 0.5。综合各流域不同机器学习模型在训练期和验证期的表现，研究将选择最优的随机森林算法作为各流域降水—径流关系的机器学习建模方法。

表 6-14　机器学习建模训练期和验证期的纳什效率系数 NSE

流域（水文站）	机器学习模型	训练期（1961—1999 年）	验证期（2000—2017 年）
潴龙河 （北郭村）	线性回归算法	0.825	0.037
	随机森林算法	0.997	0.813
	支持向量机回归算法	−3.829	0.770
	极限梯度提升算法	0.960	0.776
白沟河 （东茨村）	线性回归算法	0.900	0.879
	随机森林算法	0.992	0.909
	支持向量机回归算法	−0.065	0.870
	极限梯度提升算法	0.977	0.888
南拒马河 （北河店）	线性回归算法	0.627	0.190
	随机森林算法	0.955	0.505
	支持向量机回归算法	−0.060	0.531
	极限梯度提升算法	0.979	0.241
唐河 （温仁）	线性回归算法	0.886	0.792
	随机森林算法	0.980	0.807
	支持向量机回归算法	−0.795	0.663
	极限梯度提升算法	0.977	0.787
漕河 （漕河）	线性回归算法	0.932	0.858
	随机森林算法	0.990	0.852
	支持向量机回归算法	0.270	0.866
	极限梯度提升算法	0.987	0.818
瀑河 （徐水国平）	线性回归算法	0.947	0.875
	随机森林算法	0.993	0.888
	支持向量机回归算法	0.795	0.879
	极限梯度提升算法	0.990	0.918
清水河 （北辛店）	线性回归算法	0.772	0.547
	随机森林算法	0.972	0.846
	支持向量机回归算法	−0.277	0.851
	极限梯度提升算法	1.000	0.805
府河 （东安）	线性回归算法	0.932	0.858
	随机森林算法	0.990	0.852
	支持向量机回归算法	0.270	0.866
	极限梯度提升算法	0.987	0.818

续表

流域（水文站）	机器学习模型	训练期（1961—1999 年）	验证期（2000—2017 年）
萍河 （下河西）	线性回归算法	0.947	0.875
	随机森林算法	0.993	0.888
	支持向量机回归算法	0.795	0.879
	极限梯度提升算法	0.990	0.918
孝义河 （东方机站）	线性回归算法	0.772	0.547
	随机森林算法	0.972	0.846
	支持向量机回归算法	−0.277	0.851
	极限梯度提升算法	1.000	0.805

表 6-15 为机器学习模型对各流域模拟的流量与观测流量的对比。从训练期（1961—1999 年）和验证期（2000—2017 年）的日流量结果对比看，所有流域的流量模拟结果均能较好地反映流量的日变化，尤其对流量峰值的捕捉有很好的表现。但是，机器学习模型的黑箱性质使其不易于推广和应用。因此，进一步采用统计方法，基于机器学习发掘的最重要的径流影响因素，对降水—径流关系进行建模，以改进机器学习模型黑箱属性及不易于外推的能力。

6.2.3　基于统计模型的降水—径流关系建模

基于机器学习对径流影响因素重要性分析，发现前一日流量和当日降水对当日流量影响最大。为了更好地考虑前期流量对当日径流形成的影响，利用基流分割方法将河道出口径流分割为基流和直接径流，进而根据河道是否能达到直接径流形成条件，详细分析各流域主要历史洪水的降水径流过程特点，构建各流域降水—径流关系，以便更好地服务气象预警业务应用。

选择降水和流量资料较完整且地理分布具有代表性的潴龙河流域（北郭村）和南拒马河流域（北河店），通过比较不同统计模型、不同代表性样本、不同降水表征指标等在构建降水—径流关系的差异性，最终选择较优的雄安新区上游中小河流的降水—径流关系建模结果。

6.2.3.1　历史洪水过程的降水—径流关系分析

根据雄安新区上游各中小河流历史洪水的降水—径流过程（图 6-3～图 6-12），发现所有的流域在其主要历史洪水过程中流量峰值会滞后降水量峰值，如潴龙河（北郭村）在 1963 年 8 月、1976 年 7 月、1996 年 8 月和 2016 年 7 月的洪水过程，唐河（温仁）在 1963 年 8 月、1966 年 8 月和 2016 年 7 月的洪水过程中均出现流量峰值滞后日降水

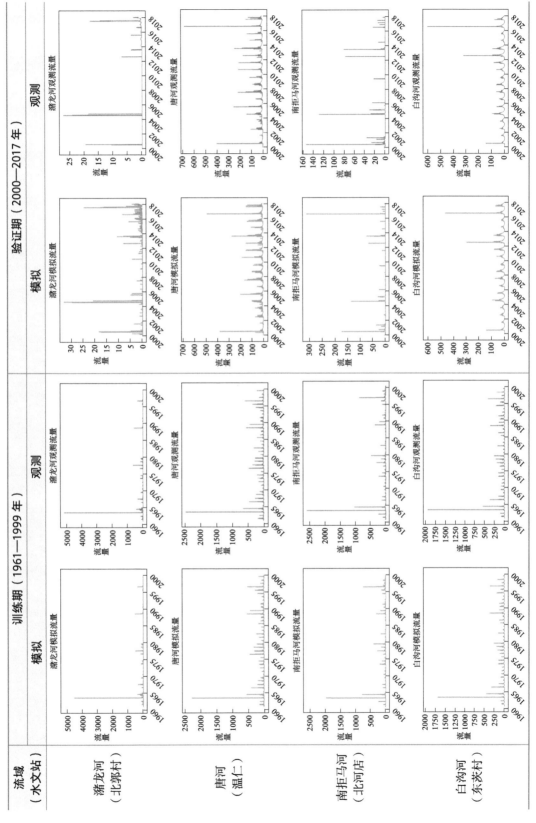

表 6-15　各流域训练期和验证期的观测日流量和随机森林模型模拟日流量对比

续表

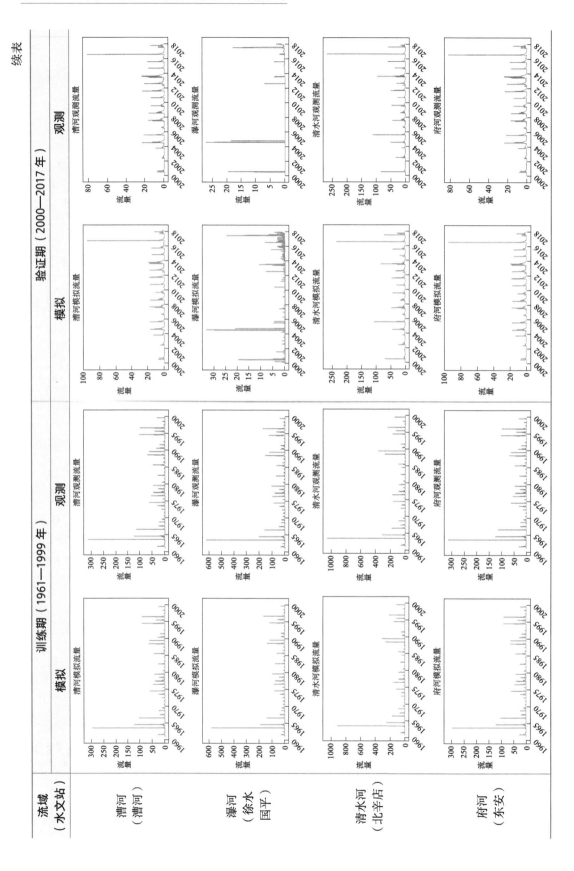

续表

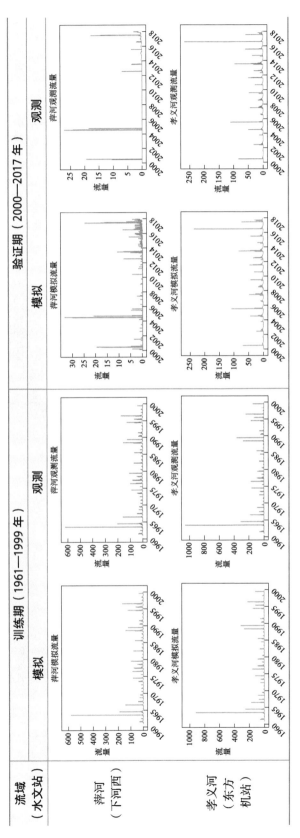

峰值大约2 d的特点；南拒马河（北河店）、白沟河（东茨村）、漕河（漕河）、瀑河（徐水国平）、清水河（北辛店）、府河（东安）、萍河（下河西）和孝义河（东方机站）在1964年8月、1988年8月、1996年8月和2016年7月等洪水过程中流量峰值都在日降水峰值的大约1 d之后出现。

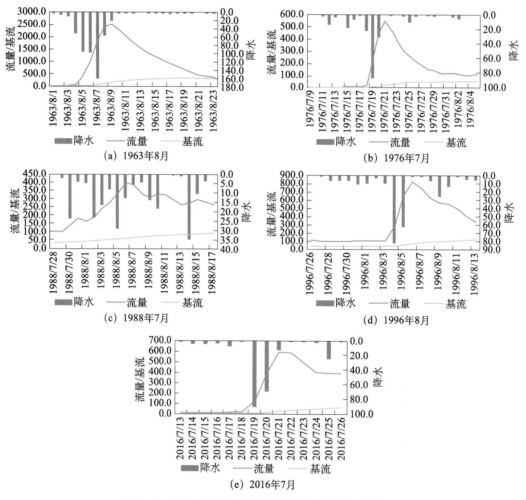

图6-3　潴龙河（北郭村）主要洪水的降水径流过程

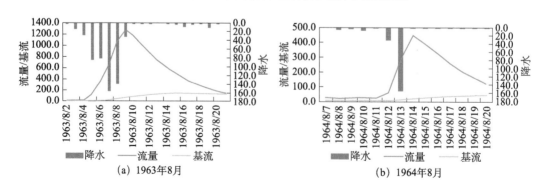

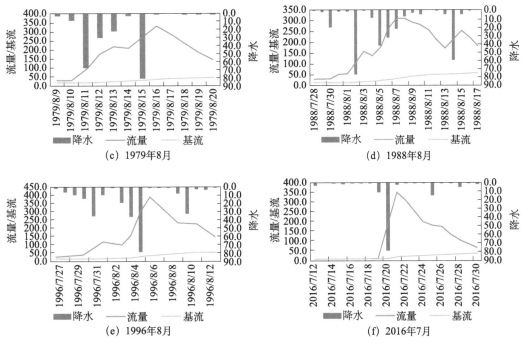

图 6-4　南拒马河（北河店）主要洪水的降水径流过程

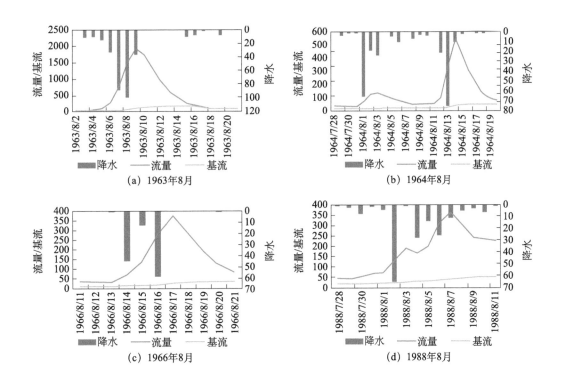

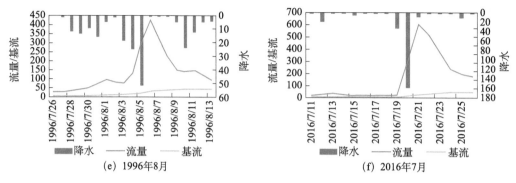

图6-5　白沟河（东茨村）主要洪水的降水径流过程

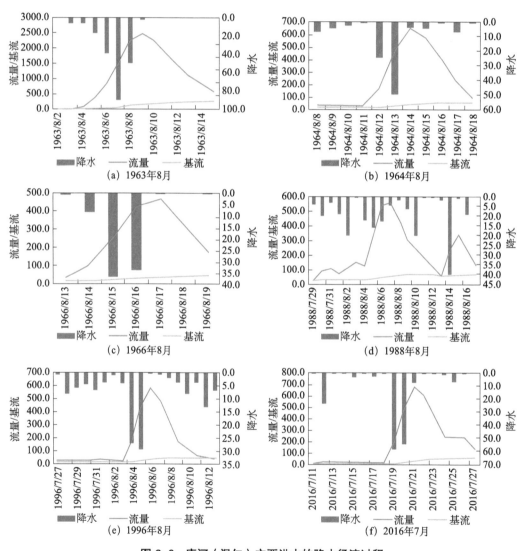

图6-6　唐河（温仁）主要洪水的降水径流过程

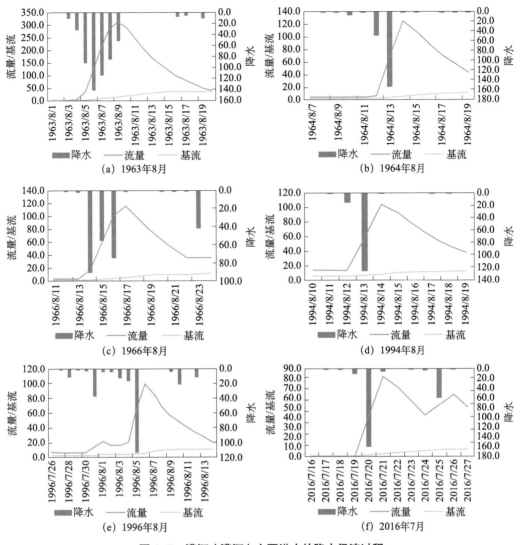

图 6-7　漕河（漕河）主要洪水的降水径流过程

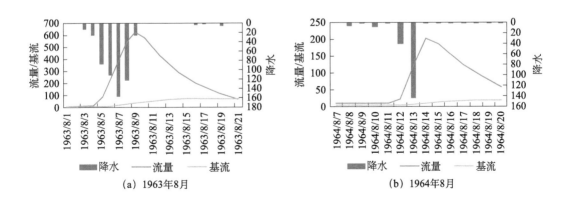

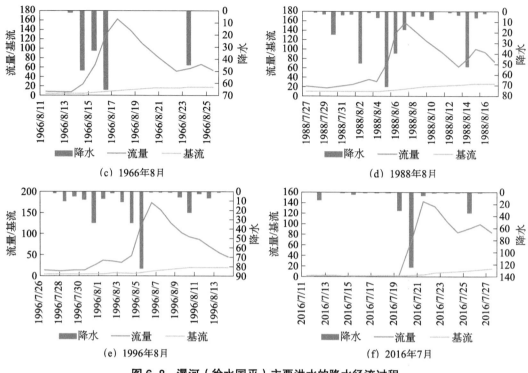

图 6-8　瀑河（徐水国平）主要洪水的降水径流过程

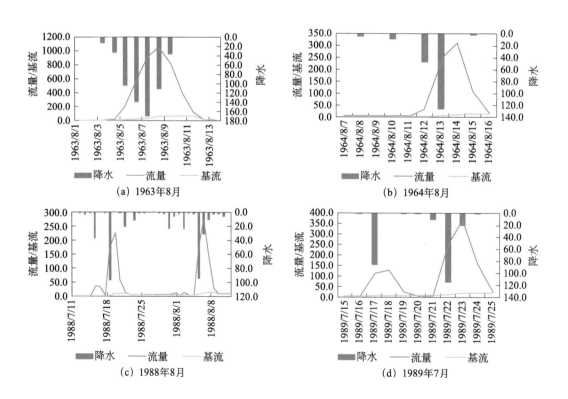

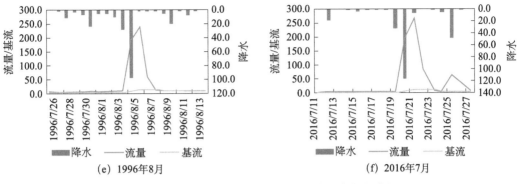

图 6-9　清水河（北辛店）主要洪水的降水径流过程

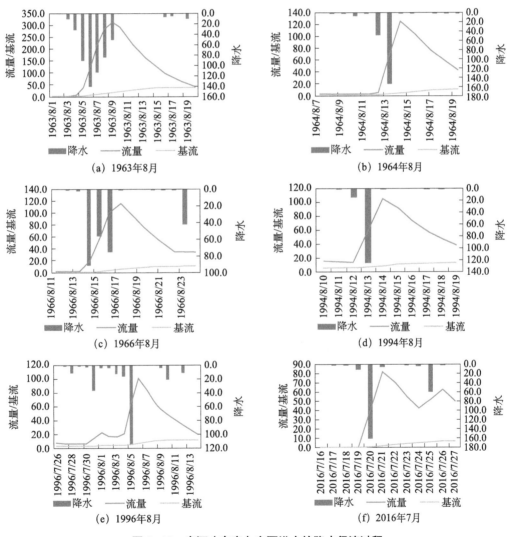

图 6-10　府河（东安）主要洪水的降水径流过程

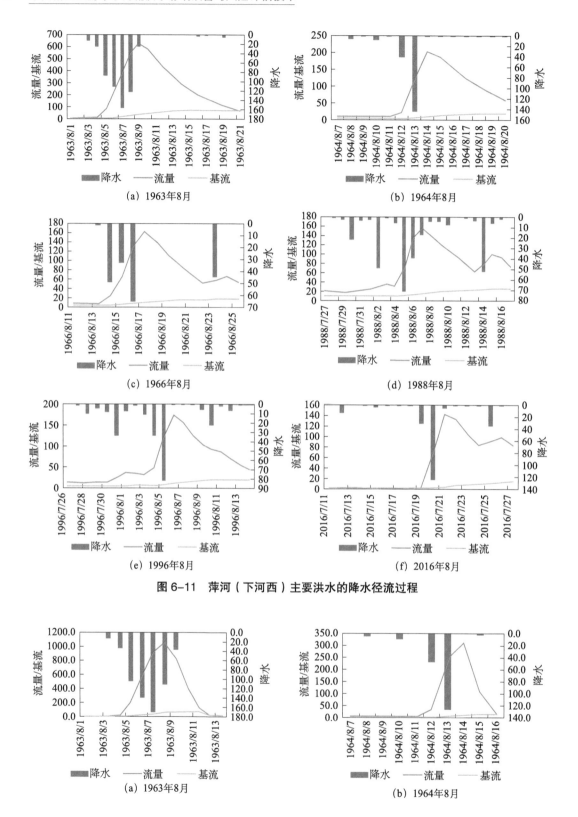

图 6-11　萍河（下河西）主要洪水的降水径流过程

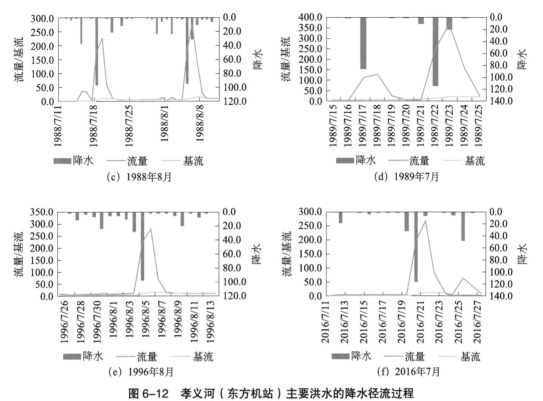

图 6-12　孝义河（东方机站）主要洪水的降水径流过程

6.2.3.2　不同统计模型的降水—径流关系建模

选择雄安新区上游的两个具有代表性且数据较为完整的潴龙河（北郭村）和南拒马河（北河店）流域用于探讨不同统计模型、不同代表性样本、不同降水表征指标等对流域降水—径流关系的影响。

1. 线性模型

考虑到不同统计样本的差异性，分别以 1960 年以来的洪水过程样本和降水过程样本进行降水—径流的一元和二元线性建模。基于潴龙河（北郭村）流域 1960 年以来 11 次洪水过程 54 个样本，南拒马河（北河店）9 次洪水过程 39 个样本记录，分别建立当日流量与当日降水量、前 1 d 降水量、累积 2 d 降水量（当日降水量与前 1 d 降水量之和）和累积 3 d 降水量（当日降水量与前 2 d 降水量之和）的一元线性关系，前 1 d 降水和当日降水与当日流量的二元线性关系，前 1 d 流量和当日降水与当日流量的二元线性关系，结果如表 6-16 所示。从表 6-16 可以看出，一元线性关系中，累积 2 d 和累积 3 d 降水与当日流量的关系总体好于当日降水和前 1 d 降水与当日流量的关系（决定系数 R^2 更高），但二元线性关系总体优于一元线性关系模型，两流域的模型决定系数均在 0.7 以上。

表 6-16 降水—径流的统计关系（洪水过程样本）

流域（水文站）	模型	线性关系	R^2
南拒马河 （北河店）	一元线性	$D_{ave}=6.4 \times P_0+62.5$	0.35
		$D_{ave}=6.6 \times P_1+62.6$	0.36
		$D_{ave}=4.9 \times P_{C2}-25.7$	0.55
		$D_{ave}=4.5 \times P_{C3}-110.4$	0.64
	二元线性	$D_{ave}=4.63 \times P_0+5.18 \times P_1-26.43$	0.74
		$D_{ave}=5.45 \times P_0+1.16 \times D_{lag}-100.92$	0.78
潴龙河 （北郭村）	一元线性	$D_{ave}=10.0 \times P_0+103.1$	0.16
		$D_{ave}=19.7 \times P_1-190.8$	0.52
		$D_{ave}=9.3 \times P_{C2}-138.0$	0.42
		$D_{ave}=8.0 \times P_{C3}-248$	0.59
	二元线性	$D_{ave}=-3.26 \times P_0+2174 \times P_1-158.58$	0.77
		$D_{ave}=6.17 \times P_0+2.19 \times D_{lag}-237.07$	0.97

注：D_{ave} 为当日流量，P_0 为当日降水量，P_1 为前 1 d 降水量，P_{C2} 为累积 2 d 降水量，P_{C3} 为累积 3 d 降水量，D_{lag} 为前 1 d 流量。

为提高选取样本的代表性，减少因只考虑洪水过程样本量较少而导致的不确定性，在主要洪水过程的基础上，以 0.5 mm 日降水量（面雨量）为阈值，选择主要洪水过程前后大于阈值的降水过程作为样本。同样分别建立当日流量与当日降水量、前 1 d 降水量、累积 2 d 降水量（当日降水量与前 1 d 降水量之和）和累积 3 d 降水量（当日降水量与前 2 d 降水量之和）的一元线性关系，前 1 d 降水和当日降水与当日流量的二元线性关系，前 1 d 流量和当日降水与当日流量的二元线性关系，结果如表 6-17 所示。前 1 d 降水量与当日流量的关系相比当日降水量与当日流量的关系要更好（决定系数 R^2 更高），同时，两流域结果显示，累积 2 d 和累积 3 d 降水量与当日流量的关系总体相比当日降水和前 1 d 降水与当日流量的关系更好（决定系数 R^2 更高）。对比表 6-16 和表 6-17 的结果可以看出，采用降水过程的大样本对于建立降水—径流关系没有很明显的提高。

表 6-17 降水—径流的统计关系（降水过程样本）

流域（水文站）	模型	线性关系	R^2
南拒马河 （北河店）	一元线性	$D_{ave}=5.9 \times P_0+53.1$	0.27
		$D_{ave}=6.8 \times P_1+44.4$	0.42
		$D_{ave}=4.7 \times P_{C2}-9.3$	0.51
		$D_{ave}=4.1 \times P_{C3}-63.4$	0.67
	二元线性	$D_{ave}=4.63 \times P_0+5.18 \times P_1-26.43$	0.74
		$D_{ave}=5.45 \times P_0+1.16 \times D_{lag}-100.92$	0.76

续表

流域（水文站）	模型	线性关系	R^2
潴龙河 （北郭村）	一元线性	$D_{ave}=8.3\times P_0+176.95$	0.06
		$D_{ave}=9.2\times P_1+40.8$	0.22
		$D_{ave}=21.0\times P_{C2}+5.6$	0.35
		$D_{ave}=9.3\times P_{C3}-103.8$	0.43
	二元线性	$D_{ave}=-3.26\times P_0+2174\times P_1-158.58$	0.77
		$D_{ave}=6.17\times P_0+2.19\times D_{lag}-237.07$	0.97

注：D_{ave} 为当日流量，P_0 为当日降水量，P_1 为前 1 d 降水量，P_{C2} 为累积 2 d 降水量，P_{C3} 为累积 3 d 降水量，D_{lag} 为前 1 d 流量。

　　流域前期降水量对降水—径流关系有重要影响，尝试分析前期更长时间的降水量与流量的关系，通过统计潴龙河和南拒马河流域逐日平均流量和不同前期降水量的相关性发现，两流域逐日平均流量与前 6 d、前 7 d 降水量相关系数较高（表 6-18）。这说明考虑与前期降水量相关的指标对提高流域降水—径流关系的建模精度有重要作用。因此，选择前 7 d（前 6 d）降水量、当日降水量为自变量，构建各流域的降水—径流二元线性模型，建模结果及模型的决定系数见表 6-19。从表 6-19 中评估指标结果看，二元线性模型的决定系数在 0.77 以上，模型效果较好，但相较于表 6-16 构建的前 1 d 流量和当日降水与当日流量的二元线性关系，效果并未有提升。

表 6-18　日平均流量与前 N 天降水量的相关系数

流域	pre1	pre2	pre3	pre4	pre5	pre6	pre7	pre8	pre9	pre10	pre11	pre12	pre13	pre14	pre15
潴龙河	0.147	0.246	0.334	0.402	0.446	0.466	0.469	0.463	0.453	0.441	0.429	0.418	0.408	0.399	0.391
南拒马河	0.283	0.402	0.464	0.498	0.510	0.515	0.514	0.511	0.508	0.504	0.497	0.491	0.486	0.480	0.474

注：pre1～pre15 分别为前 1 d 降水量至前 15 d 降水量。

表 6-19　降水—径流的统计关系

流域（水文站）	二元一次线性关系	R^2
潴龙河（北郭村）	$D_{ave}=3.75\times P_0+4.89\times P_{C7}-296.41$	$R^2=0.78$
南拒马河（北河店）	$D_{ave}=5.24\times P_0+4.16\times P_{C6}-320.79$	$R^2=0.77$

注：D_{ave} 为当日流量，P_0 为当日降水，P_{C6} 为前 6 d 降水量，P_{C7} 为前 7 d 降水量。

2. 二次回归模型

　　基于一元二次回归模型分别建立当日流量与当日降水量、前 1 d 降水量、累积 2 d 降水量和累积 3 d 降水量的关系，结果如表 6-20 所示。总体来看，基于一元二次回归模型建立的降水—径流关系总体要比线性回归模型效果更好，各回归模型的决定系数 R^2 都有显著的提高。这充分说明，各水文站点的降水量和流量关系不仅仅是单一因素之间的关系，可能存在非线性或与多个因素相关。

表 6-20　降水—径流的一元二次关系

流域（水文站）	一元二次关系	R^2
南拒马河（北河店）	$D_{ave}=0.16 \times P_0^2 - 12.58 \times P_0 + 241.49$	0.77
	$D_{ave}=0.07 \times P_1^2 - 2.01 \times P_1 + 150.01$	0.47
	$D_{ave}=0.035 \times P_{C2}^2 - 2.93 \times P_{C2} + 168.68$	0.81
	$D_{ave}=0.017 \times P_{C3}^2 - 0.66 \times P_{C3} + 107.03$	0.79
潴龙河（北郭村）	$D_{ave}=0.02 \times P_0^2 + 7.01 \times P_0 + 138.7$	0.16
	$D_{ave}=0.29 \times P_1^2 - 17.46 \times P_1 + 275.44$	0.90
	$D_{ave}=0.07 \times P_{C2}^2 - 7.94 \times P_{C2} + 280.42$	0.54
	$D_{ave}=0.04 \times P_{C3}^2 - 6.24 \times P_{C3} + 308.62$	0.65

注：D_{ave} 为当日流量，P_0 为当日降水量，P_1 为前 1 d 降水量，P_{C2} 为累积 2 d 降水量，P_{C3} 为累积 3 d 降水量。

通过以上分析发现，虽然二元曲线模型能更好地模拟降水—径流关系，但是应用上有很大不便之处。由于河道前期流量对雄安新区上游中小河流的降水—径流关系有重要影响，进一步通过递归数字滤波方法将径流分割为基流和直接径流，考虑河道是否形成直接径流的情况，建立降水—径流关系。

6.2.3.3　考虑直接径流形成与否的降水—径流关系建模

1. 河道基流分割

采用递归数字滤波法将雄安新区上游各中小河流包括潴龙河流域（北郭村）、南拒马河流域（北河店）、白沟河流域（东茨村）、唐河流域（温仁）、清水河流域（北辛店）、漕河流域（漕河）、瀑河流域（徐水国平）、府河流域（东安）、萍河流域（下河西）、孝义河流域（东方机站）河道流量分割为基流（Base Flow）和直接径流（Quick Flow），基流分割示意图如图 6-13 所示。

各河道基流流量结果如图 6-14 所示。由图可以看出，各中小河流的基流流量提取结果较好，整体较为平稳，各中小河流基流流量占日平均流量的比重在 45%～49%。

2. 直接径流形成的前 1 d 降水量确定

统计雄安新区上游各中小河流域的日平均流量、基流流量以及汛期和非汛期的基流流量，结果如表 6-21。整体来看，各中小河流基流流量占日平均流量的比重在 45%～49%，汛期基流流量相比非汛期大。进一步分析前 1 d 降水量与基流流量的关系，整体上前期降水越大，基流流量越大。综合考虑各流域基流特征，将 90% 分位数前 1 d 降水量确定为直接径流形成的临界值，各流域直接径流形成的前 1 d 降水临界值均在 10 mm 左右，因此，根据河道前 1 d 降水是否达到 10 mm 分别构建降水—径流关系。

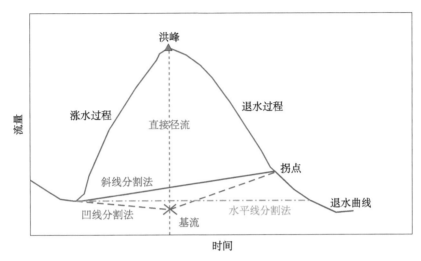

图 6-13　基流分割示意图

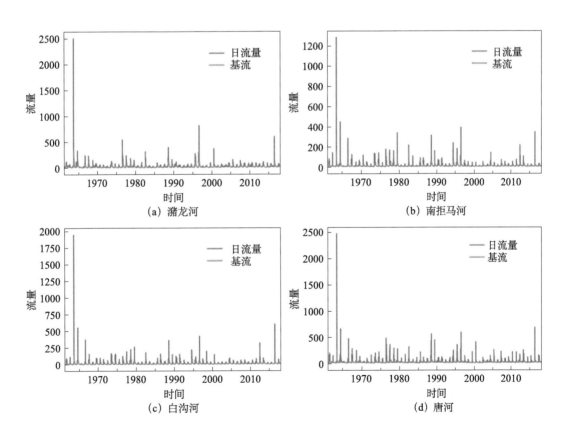

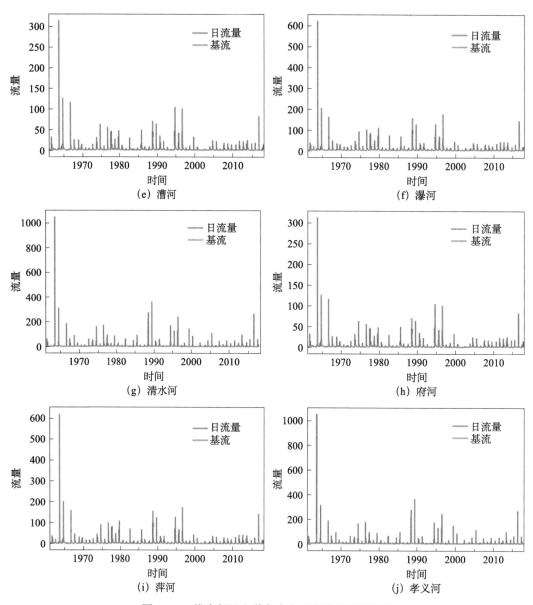

图 6-14 雄安新区上游各中小河流基流流量提取

表 6-21 各流域日平均流量和基流特征

流域（水文站）	日平均流量/ (m³·s⁻¹)	日平均基流/ (m³·s⁻¹)	6—9 月基流/ (m³·s⁻¹)	11 至次年 5 月基流/ (m³·s⁻¹)	前 1 d 降水 90% 分位值/ mm
潴龙河（北郭村）	24.7	12.2	19.1	8.7	8.5
南拒马河（北河店）	9.0	4.4	7.8	2.7	10.7
白沟河（东茨村）	14.0	6.9	12.1	4.3	8.9
唐河（温仁）	17.7	8.3	11.4	6.7	8.7

续表

流域（水文站）	日平均流量 / （m³·s⁻¹）	日平均基流 / （m³·s⁻¹）	6—9 月基流 / （m³·s⁻¹）	11 至次年 5 月 基流 / （m³·s⁻¹）	前 1 d 降水 90% 分位值 / mm
漕河（漕河）	1.9	0.9	1.6	0.6	10.3
瀑河（徐水国平）	4.2	2.0	3.5	1.3	10.4
清水河（北辛店）	2.6	1.2	1.9	0.9	10.9
府河（东安）	1.9	0.9	1.6	0.6	10.3
萍河（下河西）	4.2	2.0	3.5	1.3	10.4
孝义河（东方机站）	2.6	1.2	1.9	0.9	10.9

3. 降水—径流关系

考虑前 1 d 降水量是否达到直接径流形成条件，具体分别构建 2 种条件下的降水—径流关系，结果如表 6-22。从表中可以看出，考虑不同基流条件下的降水径流关系结果较好。绝大部分流域的决定系数 R^2 均在 0.5 以上，潴龙河和南拒马河的决定系数 R^2 甚至高达 0.8 以上，表明建立的降水—径流关系整体较好。

表 6-22　各流域降水—径流关系

流域（水文站）	降水—径流关系	
	前 1 d 面雨量≤10 mm	前 1 d 面雨量＞10 mm
潴龙河（北郭村）	$D_{ave}=9.1×P_0+206$（$R^2=0.79$）	$D_{ave}=10.2×P_0+63.7$（$R^2=0.83$）
南拒马河（北河店）	$D_{ave}=7.3×P_0+59.6$（$R^2=0.83$）	$D_{ave}=7.1×P_0+106.0$（$R^2=0.83$）
白沟河（东茨村）	$D_{ave}=12.1×P_0+12.0$（$R^2=0.47$）	$D_{ave}=13.8×P_0+44.2$（$R^2=0.47$）
唐河（温仁）	$D_{ave}=18.7×P_0+37.7$（$R^2=0.52$）	$D_{ave}=19.7×P_0+111.4$（$R^2=0.55$）
漕河（漕河）	$D_{ave}=2.5×P_0+2.1$（$R^2=0.70$）	$D_{ave}=2.1×P_0+27.5$（$R^2=0.49$）
瀑河（徐水国平）	$D_{ave}=3.6×P_0+15.4$（$R^2=0.74$）	$D_{ave}=3.3×P_0+57.4$（$R^2=0.51$）
清水河（北辛店）	$D_{ave}=4.9×P_0+42.2$（$R^2=0.61$）	$D_{ave}=6.8×P_0+38.5$（$R^2=0.75$）
府河（东安）	$D_{ave}=2.5×P_0+2.1$（$R^2=0.70$）	$D_{ave}=2.1×P_0+27.5$（$R^2=0.49$）
萍河（下河西）	$D_{ave}=3.6×P_0+15.4$（$R^2=0.74$）	$D_{ave}=3.3×P_0+57.4$（$R^2=0.51$）
孝义河（东方机站）	$D_{ave}=4.9×P_0+42.2$（$R^2=0.61$）	$D_{ave}=6.8×P_0+38.5$（$R^2=0.75$）

注：D_{ave} 为当日流量，P_0 为当日降水量。

6.2.4 基于综合方法的降水—径流关系建模

通过比较水文模型、机器学习模型以及各种统计模型对河道降水—径流关系的模拟，发现机器学习模型的模拟效果是最优的，除了南拒马河和唐河外，其他流域构建的降水—径流关系的纳什效率系数均在 0.8 以上；其次是前 1 d 流量和当日降水与当日流量构建的一元二次线性模型，决定性系数也较高，各流域的决定系数也在 0.7 以上；用不同降水量指标表征前期流量构建的线性模型效果稍逊，但考虑到机器学习和一元二次线性模型中都考虑了前 1 d 径流的数据，气象部门对径流数据的获取较为困难，因此，在预警模型的选择中优先考虑统计模型构建的降水—径流关系（表 6-22），其次是基于机器学习和线性耦合的综合模型（表 6-23）。

表 6-23　机器学习和线性综合模型

流域（水文站）	降水—径流关系	拟合效果
潴龙河（北郭村）	$D_{ave}=\mathrm{argmax}\left(6.17\times P_0+2.19\times D_{lag}-237.07 \text{ or } R_{Fbeiguo}\right)$	$R^2=0.97$ $N_{SE}=0.813$
南拒马河（北河店）	$D_{ave}=\mathrm{argmax}\left(5.45\times P_0+1.16\times D_{lag}-100.92 \text{ or } R_{Fbeihe}\right)$	$R^2=0.78$ $N_{SE}=0.505$
白沟河（东茨村）	$D_{ave}=\mathrm{argmax}\left(2.66\times P_0+1.48\times D_{lag}-75.02 \text{ or } R_{Fdongci}\right)$	$R^2=0.85$ $N_{SE}=0.909$
唐河（温仁）	$D_{ave}=\mathrm{argmax}\left(4.87\times P_0+0.94\times D_{lag}-67.63 \text{ or } R_{Fdaoma}\right)$	$R^2=0.75$ $N_{SE}=0.787$
漕河（漕河）	$D_{ave}=\mathrm{argmax}\left(0.44\times P_0+0.96\times D_{lag}+1.27 \text{ or } R_{Fcaohe}\right)$	$R^2=0.92$ $N_{SE}=0.852$
瀑河（徐水国平）	$D_{ave}=\mathrm{argmax}\left(0.94\times P_0+0.95\times D_{lag}-5.66 \text{ or } R_{Fpuhe}\right)$	$R^2=0.94$ $N_{SE}=0.888$
清水河（北辛店）	$D_{ave}=\mathrm{argmax}\left(2.47\times P_0+0.77\times D_{lag}-38.07 \text{ or } R_{Fqinghe}\right)$	$R^2=0.89$ $N_{SE}=0.846$
府河（东安）	$D_{ave}=\mathrm{argmax}\left(0.44\times P_0+0.96\times D_{lag}+1.27 \text{ or } R_{Fcaohe}\right)$	$R^2=0.92$ $N_{SE}=0.852$
萍河（下河西）	$D_{ave}=\mathrm{argmax}\left(0.94\times P_0+0.95\times D_{lag}-5.66 \text{ or } R_{Fpuhe}\right)$	$R^2=0.94$ $N_{SE}=0.888$
孝义河（东方机站）	$D_{ave}=\mathrm{argmax}\left(2.47\times P_0+0.77\times D_{lag}-38.07 \text{ or } R_{Fpuhe}\right)$	$R^2=0.89$ $N_{SE}=0.846$

6.3　影响预警面雨量阈值

6.3.1　基于统计模型的影响预警面雨量阈值

根据表 6-22 中各子流域不同条件下的降水—径流关系，结合分级预警致灾流量值，计算洪水预警 24 h 面雨量阈值（表 6-24）。总的来看，对于不同等级的前 1 d 面雨量，随着预警等级的提高，各流域面雨量预警阈值之间的差异逐渐增大。当前 1 d 面雨量≤10 mm 时，各流域四级预警对应的当日面雨量阈值范围为 24～36 mm，三级预警的当日面雨量阈值范围为 35～68 mm，二级预警的当日面雨量阈值范围为 57～136 mm，一级预警的当日面雨量阈值范围为 81～280 mm。当前 1 d 面雨量＞10 mm 时，各流域四级预警对应的当日面雨量阈值范围为 17～30 mm，三级预警的当日面雨量阈值范围为 30～60 mm，二级预警的当日面雨量阈值范围为 50～130 mm，一级预警的当日面雨量阈值范围为 73～280 mm。

6.3.2　基于综合方法的影响预警面雨量阈值

根据表 6-23 的综合模型，分别应用机器学习方法和线性方程计算达到相应等级洪水致灾流量的面雨量值，比较两种方法的计算结果，取较小值作为洪水分级预警面雨量阈值，其结果分别见表 6-25～表 6-34。

（1）潞龙河

表 6-25 为潞龙河基于综合模型的洪水分级预警面雨量阈值，总的来看，随着前 1 d 流量的增加，洪水分级预警当日面雨量阈值在逐渐降低。具体来看，当前 1 d 流量为 0 时，洪水四级、三级、二级和一级预警对应的当日面雨量阈值分别约为 99 mm、149 mm、307 mm 和 807 mm；当前 1 d 流量为 10～50 m³·s⁻¹ 时，洪水四级、三级、二级和一级预警对应的当日面雨量阈值范围分别为 81～95 mm、132～146 mm、289～303 mm 和 793～800 mm；当前 1 d 流量为 50～100 m³·s⁻¹ 时，洪水四级、三级、二级和一级预警对应的当日面雨量阈值范围分别为 63～81 mm、114～132 mm、271～289 mm 和 775～793 mm；当前 1 d 流量为 100～400 m³·s⁻¹ 时，洪水四级、三级、二级和一级预警对应的当日面雨量阈值范围分别为 0～63 mm、7～114 mm、165～271 mm 和 669～775 mm；当前 1 d 流量为 400～600 m³·s⁻¹ 时，洪水三级、二级

表 6-24　各流域洪水分级预警 24 h 面雨量阈值

（单位：mm）

预警等级	前 1 d 面雨量	潴龙河（7753 km²）	南拒马河（1914 km²）	白沟河（7203 km²）	唐河（5982 km²）	漕河（953 km²）	瀑河（542 km²）	清水河（1154 km²）	府河（549 km²）	萍河（942 km²）	孝义河（3110 km²）
四级	≤10 mm	31	36	24	24	29	27	30	29	27	30
三级	≤10 mm	63	68	40	35	41	44	53	41	44	53
二级	≤10 mm	92	136	70	57	68	78	94	68	78	94
一级	≤10 mm	160	280	140	81	100	120	146	100	120	146
四级	>10 mm	20	30	19	18	19	17	22	19	17	22
三级	>10 mm	54	60	33	30	32	35	38	32	35	38
二级	>10 mm	87	130	58	50	62	73	68	62	73	68
一级	>10 mm	160	280	120	73	97	118	104	97	118	104

和一级预警对应的当日面雨量阈值范围分别为 0～7 mm、94～165 mm 和 598～669 mm；当前 1 d 流量为 1000～1500 m³·s⁻¹ 时，洪水一级预警对应的当日面雨量阈值范围为 278～456 mm；当前 1 d 流量为 2000～2500 m³·s⁻¹ 时，洪水一级预警对应的当日面雨量阈值范围为 0～101 mm。

表 6-25　潴龙河北郭村站洪水分级预警面雨量阈值

预警级别	致灾流量 / (m³·s⁻¹)	前 1 d 流量 / (m³·s⁻¹)	当日面雨量 /mm	预测流量 / (m³·s⁻¹)
四级	372.0		99	373
三级	682.0	0	149	682
二级	1653.2		307	1656
一级	4762.5		807	4761
四级	372.0		81～95	371
三级	682.0	10～50	132～146	685
二级	1653.2		289～303	1654
一级	4762.5		793～800	4762
四级	372.0		63～81	372
三级	682.0	50～100	114～132	686
二级	1653.2		271～289	1656
一级	4762.5		775～793	4762
四级	372.0		0～63	373
三级	682.0	100～400	7～114	685
二级	1653.2		165～271	1653
一级	4762.5		669～775	4764
四级	372.0		—	—
三级	682.0	400～600	0～7	685
二级	1653.2		94～165	1456
一级	4762.5		598～669	4764
四级	372.0		—	—
三级	682.0	1000～1500	—	—
二级	1653.2		—	—
一级	4762.5		278～456	4764
四级	372.0		—	—
三级	682.0	2000～2500	—	—
二级	1653.2		—	—
一级	4762.5		0～101	4764

（2）南拒马河

表6-26为南拒马河基于综合模型的洪水分级预警面雨量阈值，总体而言，随着前1 d流量的增加，洪水分级预警当日面雨量阈值在逐渐降低。具体来看，当前1 d流量为0时，洪水四级、三级、二级和一级预警对应的当日面雨量阈值分别约为77 mm、116 mm、404 mm和822 mm；当前1 d流量为10～50 m³·s⁻¹时，洪水四级、三级、二级和一级预警对应的当日面雨量阈值范围分别为67～74 mm、105～114 mm、393～402 mm和808～814 mm；当前1 d流量为50～100 m³·s⁻¹时，洪水四级、三级、二级和一级预警对应的当日面雨量阈值范围分别为55～67 mm、94～105 mm、382～393 mm和803～814 mm；当前1 d流量为100～400 m³·s⁻¹时，洪水四级、三级、二级和一级预警对应的当日面雨量阈值范围分别为0～55 mm、31～94 mm、319～382 mm和739～803 mm；当前1 d流量为400～900 m³·s⁻¹时，洪水三级、二级和一级预警对应的当日面雨量阈值范围分别为0～31 mm、212～319 mm和633～739 mm；当前1 d流量为900～1500 m³·s⁻¹时，洪水二级、一级预警对应的当日面雨量阈值范围为84～191 mm、505～612 mm。

表6-26   南拒马河北河店站洪水分级预警面雨量阈值

预警级别	致灾流量/（m³·s⁻¹）	前1 d流量/（m³·s⁻¹）	当日面雨量/mm	预测流量/（m³·s⁻¹）
四级	314.3		77	319
三级	530.1		116	531
二级	2099.1	0	404	2103
一级	4393.2		822	4393
四级	314.3		67～74	314
三级	530.1		105～114	530
二级	2099.1	10～50	393～402	2102
一级	4393.2		808～814	4393
四级	314.3		55～67	314
三级	530.1		94～105	532
二级	2099.1	50～100	382～393	2103
一级	4393.2		803～814	4393
四级	314.3		0～55	314
三级	530.1		31～94	530
二级	2099.1	100～400	319～382	2103
一级	4393.2		739～803	4393

续表

预警级别	致灾流量 / (m³·s⁻¹)	前 1 d 流量 / (m³·s⁻¹)	当日面雨量 /mm	预测流量 / (m³·s⁻¹)
四级	314.3		—	—
三级	530.1		0~31	531
二级	2099.1	400~900	212~319	2100
一级	4393.2		633~739	4393
四级	314.3		—	—
三级	530.1		—	—
二级	2099.1	900~1500	84~191	2099
一级	4393.2		505~612	4393

（3）白沟河

表 6-27 为白沟河基于综合模型的洪水分级预警面雨量阈值，总的来看，随着前 1 d 流量的增加，洪水分级预警当日面雨量阈值在逐渐降低。具体来看，当前 1 d 流量为 0 时，洪水四级、三级、二级和一级预警对应的当日面雨量阈值分别约为 146 mm、209 mm、662 mm 和 1381 mm；当前 1 d 流量为 $10\sim50\,\mathrm{m^3 \cdot s^{-1}}$ 时，洪水四级、三级、二级和一级预警对应的当日面雨量阈值范围分别为 118~140 mm、181~203 mm、634~657 mm 和 1353~1375 mm；当前 1 d 流量为 $50\sim100\,\mathrm{m^3 \cdot s^{-1}}$ 时，洪水四级、三级、二级和一级预警对应的当日面雨量阈值范围分别为 90~118 mm、153~181 mm、606~634 mm 和 1325~1353 mm；当前 1 d 流量为 $100\sim300\,\mathrm{m^3 \cdot s^{-1}}$ 时，洪水四级、三级、二级和一级预警对应的当日面雨量阈值范围分别为 0~90 mm、42~153 mm、495~606 mm 和 1214~1325 mm；当前 1 d 流量为 $300\sim500\,\mathrm{m^3 \cdot s^{-1}}$ 时，洪水三级、二级和一级预警对应的当日面雨量阈值范围分别为 0~42 mm、383~495 mm 和 1102~1214 mm；当前 1 d 流量为 $500\sim800\,\mathrm{m^3 \cdot s^{-1}}$ 时，洪水二级、一级预警对应的当日面雨量阈值范围为 216~383 mm、935~1102 mm；当前 1 d 流量为 $800\sim1000\,\mathrm{m^3 \cdot s^{-1}}$ 时，洪水二级、一级预警对应的当日面雨量阈值范围为 106~216 mm、824~935 mm；当前 1 d 流量为 $1000\sim2000\,\mathrm{m^3 \cdot s^{-1}}$ 时，洪水二级、一级预警对应的当日面雨量阈值范围为 0~106 mm、266~824 mm。

表 6-27　白沟河东茨村站洪水分级预警面雨量阈值

预警级别	致灾流量 / (m³·s⁻¹)	前 1 d 流量 / (m³·s⁻¹)	当日面雨量 /mm	预测流量 / (m³·s⁻¹)
四级	313.0		146	314
三级	480.7	0	209	481

预警级别	致灾流量 / (m³·s⁻¹)	前 1d 流量 / (m³·s⁻¹)	当日面雨量 /mm	预测流量 / (m³·s⁻¹)
二级	1687.3	0	662	1687
一级	3600.3		1381	3600
四级	313.0	10～50	118～140	314
三级	480.7		181～203	481
二级	1687.3		634～657	1687
一级	3600.3		1353～1375	3600
四级	313.0	50～100	90～118	314
三级	480.7		153～181	481
二级	1687.3		606～634	1687
一级	3600.3		1325～1353	3600
四级	313.0	100～300	0～90	314
三级	480.7		42～153	480
二级	1687.3		495～606	1687
一级	3600.3		1214～1325	3600
四级	313.0	300～500	—	—
三级	480.7		0～42	481
二级	1687.3		383～495	1687
一级	3600.3		1102～1214	3600
四级	313.0	500～800	—	—
三级	480.7		—	—
二级	1687.3		216～383	1687
一级	3600.3		935～1102	3600
四级	313.0	800～1000	—	—
三级	480.7		—	—
二级	1687.3		106～216	1687
一级	3600.3		824～935	3600
四级	313.0	1000～2000	—	—
三级	480.7		—	—
二级	1687.3		0～106	1814
一级	3600.3		266～824	3600

（4）唐河

表6-28为唐河基于综合模型的洪水分级预警面雨量阈值，总的来看，随着前1d流量的增加，洪水分级预警当日面雨量阈值在逐渐降低。具体来看，当前1d流量为0时，洪水四级、三级、二级和一级预警对应的当日面雨量阈值分别约为99 mm、139 mm、215 mm和297 mm；当前1d流量为10～40 m³·s⁻¹时，洪水四级、三级、二级和一级预警对应的当日面雨量阈值范围分别为92～97 mm、132～137 mm、208～213 mm和290～295 mm；当前1d流量为40～100 m³·s⁻¹时，洪水四级、三级、二级和一级预警对应的当日面雨量阈值范围分别为81～92 mm、121～132 mm、197～208 mm和280～290 mm；当前1d流量为100～200 m³·s⁻¹时，洪水四级、三级、二级和一级预警对应的当日面雨量阈值范围分别为64～81 mm、104～125 mm、180～197 mm和262～280 mm；当前1d流量为200～300 m³·s⁻¹时，洪水四级、三级、二级和一级预警对应的当日面雨量阈值范围分别为47～64 mm、87～104 mm、163～180 mm和245～262 mm；当前1d流量为300～500 m³·s⁻¹时，洪水四级、三级、二级和一级预警对应的当日面雨量阈值范围分别为12～47 mm、52～87 mm、128～163 mm和211～245 mm；当前1d流量为500～800 m³·s⁻¹时，洪水四级、三级、二级、一级预警对应的当日面雨量阈值范围为0～12 mm、0～52 mm、77～128 mm和159～211 mm；当前1d流量为800～1000 m³·s⁻¹时，洪水二级、一级预警对应的当日面雨量阈值范围为0～77 mm、125～159 mm；当前1d流量为1000～1500 m³·s⁻¹时，洪水一级预警对应的当日面雨量阈值范围为0～125 mm。

表 6-28 唐河温仁站洪水分级预警面雨量阈值

预警级别	致灾流量 / (m³·s⁻¹)	前1d流量 / (m³·s⁻¹)	当日面雨量 /mm	预测流量 / (m³·s⁻¹)
四级	480.2		99	485
三级	694.4		139	699
二级	1100.1	0	215	1105
一级	1541.3		297	1544
四级	480.2		92～97	485
三级	694.4		132～137	698
二级	1100.1	10～40	208～213	1104
一级	1541.3		290～295	1543
四级	480.2		81～92	485
三级	694.4		121～132	695
二级	1100.1	40～100	197～208	1101
一级	1541.3		280～290	1545

预警级别	致灾流量/ (m³·s⁻¹)	前 1 d 流量/ (m³·s⁻¹)	当日面雨量 /mm	预测流量 / (m³·s⁻¹)
四级	480.2		64～81	485
三级	694.4	100～200	104～125	696
二级	1100.1		180～197	1102
一级	1541.3		262～280	1541
四级	480.2		47～64	484
三级	694.4	200～300	87～104	697
二级	1100.1		163～180	1104
一级	1541.3		245～262	1542
四级	480.2		12～47	481
三级	694.4	300～500	52～87	695
二级	1100.1		128～163	1101
一级	1541.3		211～245	1545
四级	480.2		0～12	481
二级	694.4	500～800	0～52	695
二级	1100.1		77～128	1101
一级	1541.3		159～211	1543
四级	480.2		—	—
三级	694.4	800～1000	—	—
二级	1100.1		0～77	1101
一级	1541.3		125～159	1546
四级	480.2		—	—
三级	694.4	1000～1500	—	—
二级	1100.1		—	—
一级	1541.3		0～125	1545

（5）漕河

表 6-29 为漕河基于综合模型的洪水分级预警面雨量阈值，总的来看，随着前 1 d 流量的增加，洪水分级预警当日面雨量阈值在逐渐降低。具体来看，当前 1 d 流量为 0 时，洪水四级、三级、二级和一级预警对应的当日面雨量阈值分别约为 157 mm、236 mm、387 mm 和 554 mm；当前 1 d 流量为 10～30 m³·s⁻¹ 时，洪水四级、三级、二级和一级预警对应的当日面雨量阈值范围分别为 91～135 mm、170～214 mm、

321～365 mm 和 488～532 mm；当前 1 d 流量为 30～60 m³·s⁻¹ 时，洪水四级、三级、二级和一级预警对应的当日面雨量阈值范围分别为 25～91 mm、104～170 mm、255～321 mm 和 422～488 mm；当前 1 d 流量为 60～100 m³·s⁻¹ 时，洪水四级、三级、二级和一级预警对应的当日面雨量阈值范围分别为 0～25 mm、16～104 mm、167～255 mm 和 334～422 mm；当前 1 d 流量为 100～200 m³·s⁻¹ 时，洪水二级、一级预警对应的当日面雨量阈值范围分别为 0～167 mm、114～334 mm。

表 6-29　漕河站洪水分级预警面雨量阈值

预警级别	致灾流量 / (m³·s⁻¹)	前 1 d 流量 / (m³·s⁻¹)	当日面雨量 / mm	预测流量 / (m³·s⁻¹)
四级	69.6		157	70
三级	104.5	0	236	105
二级	170.9		387	171
一级	243.5		554	244
四级	69.6		91～135	70
三级	104.5	10～30	170～214	105
二级	170.9		321～365	171
一级	243.5		488～532	244
四级	69.6		25～91	70
三级	104.5	30～60	104～170	105
二级	170.9		255～321	171
一级	243.5		422～488	244
四级	69.6		0～25	70
三级	104.5	60～100	16～104	105
二级	170.9		167～255	171
一级	243.5		334～422	244
四级	69.6		—	—
三级	104.5	100～200	—	—
二级	170.9		0～167	171
一级	243.5		114～334	244
四级	69.6		—	
三级	104.5	200～300	—	
二级	170.9		—	
一级	243.5		—	

（6）瀑河

表6-30为瀑河基于综合模型的洪水分级预警面雨量阈值，总的来看，随着前1d流量的增加，洪水分级预警当日面雨量阈值在逐渐降低。具体来看，当前1d流量为0时，洪水四级、三级、二级和一级预警对应的当日面雨量阈值分别约为129 mm、193 mm、321 mm和467 mm；当前1d流量为10～50 m³·s⁻¹时，洪水四级、三级、二级和一级预警对应的当日面雨量阈值范围分别为79～119 mm、143～183 mm、271～311 mm和417～457 mm；当前1d流量为50～100 m³·s⁻¹时，洪水四级、三级、二级和一级预警对应的当日面雨量阈值范围分别为29～79 mm、93～143 mm、221～271 mm和367～417 mm；当前1d流量为100～200 m³·s⁻¹时，洪水四级、三级、二级和一级预警对应的当日面雨量阈值范围分别为0～29 mm、0～93 mm、121～221 mm和267～367 mm；当前1d流量为200～300 m³·s⁻¹时，洪水二级、一级预警对应的当日面雨量阈值范围分别为20～121 mm、166～267 mm；当前1d流量为300～500 m³·s⁻¹时，洪水一级预警对应的当日面雨量阈值范围为0～166 mm。

表6-30　瀑河徐水国平站洪水分级预警面雨量阈值

预警级别	致灾流量/(m³·s⁻¹)	前1d流量/(m³·s⁻¹)	当日面雨量/mm	预测流量/(m³·s⁻¹)
四级	115.7		129	116
三级	176.1	0	193	176
二级	296.9		321	297
一级	434.6		467	435
四级	115.7		79～119	116
三级	176.1	10～50	143～183	176
二级	296.9		271～311	297
一级	434.6		417～457	435
四级	115.7		29～79	116
三级	176.1	50～100	93～143	176
二级	296.9		221～271	297
一级	434.6		367～417	435
四级	115.7		0～29	116
三级	176.1	100～200	0～93	176
二级	296.9		121～221	297
一级	434.6		267～367	435

预警级别	致灾流量 / (m³·s⁻¹)	前 1 d 流量 / (m³·s⁻¹)	当日面雨量 /mm	预测流量 / (m³·s⁻¹)
四级	115.7		—	—
三级	176.1	200～300	—	—
二级	296.9		20～121	297
一级	434.6		166～267	435
四级	115.7		—	—
三级	176.1	300～500	—	—
二级	296.9		—	—
一级	434.6		0～166	435
四级	115.7		—	—
三级	176.1	500～700	—	—
二级	296.9		—	—
一级	434.6		—	—

（7）清水河

表 6-31 为清水河基于综合模型的洪水分级预警面雨量阈值，总的来看，随着前 1 d 流量的增加，洪水分级预警当日面雨量阈值在逐渐降低。具体来看，当前 1 d 流量为 0 时，洪水四级、三级、二级和一级预警对应的当日面雨量阈值分别约为 94 mm、136 mm、314 mm 和 447 mm；当前 1 d 流量为 10～30 m³·s⁻¹ 时，洪水四级、三级、二级和一级预警对应的当日面雨量阈值范围分别为 85～91 mm、127～133 mm、304～311 mm 和 438～444 mm；当前 1 d 流量为 30～100 m³·s⁻¹ 时，洪水四级、三级、二级和一级预警对应的当日面雨量阈值范围分别为 63～85 mm、105～127 mm、283～304 mm 和 416～438 mm；当前 1 d 流量为 100～200 m³·s⁻¹ 时，洪水四级、三级、二级和一级预警对应的当日面雨量阈值范围分别为 0～63 mm、74～105 mm、251～283 mm 和 385～416 mm；当前 1 d 流量为 200～300 m³·s⁻¹ 时，洪水三级、二级和一级预警对应的当日面雨量阈值范围分别为 42～74 mm、220～251 mm 和 354～385 mm；当前 1 d 流量为 300～500 m³·s⁻¹ 时，洪水三级、二级和一级预警对应的当日面雨量阈值范围分别为 0～42 mm、108～220 mm 和 291～354 mm；当前 1 d 流量为 500～1000 m³·s⁻¹ 时，洪水二级、一级预警对应的当日面雨量阈值范围为 2～108 mm、135～291 mm；当前 1 d 流量为 1000～1500 m³·s⁻¹ 时，洪水二级、一级预警对应的当日面雨量阈值范围为 0～2 mm、0～135 mm。

表 6-31　清水河北辛店站洪水分级预警面雨量阈值

预警级别	致灾流量 / (m³·s⁻¹)	前 1d 流量 / (m³·s⁻¹)	当日面雨量 / mm	预测流量 / (m³·s⁻¹)
四级	193.6		94	194
三级	297.7	0	136	298
二级	735.9		314	737
一级	1065.8		447	1066
四级	193.6		85～91	194
三级	297.7	10～30	127～133	298
二级	735.9		304～311	736
一级	1065.8		438～444	1825
四级	193.6		63～85	194
三级	297.7	30～100	105～127	298
二级	735.9		283～304	736
一级	1065.8		416～438	1066
四级	193.6		0～63	194
三级	297.7	100～200	74～105	298
二级	735.9		251～283	736
一级	1065.8		385～416	1066
四级	193.6		—	—
三级	297.7	200～300	42～74	298
二级	735.9		220～251	736
一级	1065.8		354～385	1066
四级	193.6		—	—
三级	297.7	300～500	0～42	298
二级	735.9		108～220	736
一级	1065.8		291～354	1066
四级	193.6		—	—
三级	297.7	500～1000	—	—
二级	735.9		2～108	736
一级	1065.8		135～291	1066
四级	193.6		—	—
三级	297.7	1000～1500	—	—
二级	735.9		0～2	736
一级	1065.8		0～135	1825

（8）府河

表 6-32 为府河基于综合模型的洪水分级预警面雨量阈值，总的来看，随着前 1 d 流量的增加，洪水分级预警当日面雨量阈值在逐渐降低。具体来看，当前 1 d 流量为 0 时，洪水四级、三级、二级和一级预警对应的当日面雨量阈值分别约为 157 mm、236 mm、387 mm 和 554 mm；当前 1 d 流量为 10～30 m³·s⁻¹ 时，洪水四级、三级、二级和一级预警对应的当日面雨量阈值范围分别为 91～135 mm、170～214 mm、321～365 mm 和 488～532 mm；当前 1 d 流量为 30～60 m³·s⁻¹ 时，洪水四级、三级、二级和一级预警对应的当日面雨量阈值范围分别为 25～91 mm、104～170 mm、255～321 mm 和 422～488 mm；当前 1 d 流量为 60～100 m³·s⁻¹ 时，洪水四级、三级、二级和一级预警对应的当日面雨量阈值范围分别为 0～25 mm、16～104 mm、167～255 mm 和 334～422 mm；当前 1 d 流量为 100～200 m³·s⁻¹ 时，洪水二级、一级预警对应的当日面雨量阈值范围为 0～167 mm、114～334 mm。

表 6-32　府河东安站洪水分级预警面雨量阈值

预警级别	致灾流量 / (m³·s⁻¹)	前 1 d 流量 / (m³·s⁻¹)	当日面雨量 / mm	预测流量 / (m³·s⁻¹)
四级	69.6	0	157	70
三级	104.5		236	105
二级	170.9		387	171
一级	243.5		554	244
四级	69.6	10～30	91～135	70
三级	104.5		170～214	105
二级	170.9		321～365	171
一级	243.5		488～532	244
四级	69.6	30～60	25～91	70
三级	104.5		104～170	105
二级	170.9		255～321	171
一级	243.5		422～488	244
四级	69.6	60～100	0～25	70
三级	104.5		16～104	105
二级	170.9		167～255	171
一级	243.5		334～422	244
四级	69.6	100～200	—	—
三级	104.5		—	—

续表

预警级别	致灾流量 / (m³·s⁻¹)	前 1 d 流量 / (m³·s⁻¹)	当日面雨量 / mm	预测流量 / (m³·s⁻¹)
二级	170.9		0~167	171
一级	243.5		114~334	244
四级	69.6		—	—
三级	104.5	200~300	—	—
二级	170.9		—	—
一级	243.5		—	—

（9）萍河

表 6-33 为萍河基于综合模型的洪水分级预警面雨量阈值，总的来看，随着前 1 d 流量的增加，洪水分级预警当日面雨量阈值在逐渐降低。具体来看，当前 1 d 流量为 0 时，洪水四级、三级、二级和一级预警对应的当日面雨量阈值分别约为 129 mm、193 mm、321 mm 和 467 mm；当前 1 d 流量为 10~50 m³·s⁻¹ 时，洪水四级、三级、二级和一级预警对应的当日面雨量阈值范围分别为 79~119 mm、143~183 mm、271~311 mm 和 417~457 mm；当前 1 d 流量为 50~100 m³·s⁻¹ 时，洪水四级、三级、二级和一级预警对应的当日面雨量阈值范围分别为 29~79 mm、93~143 mm、221~271 mm 和 367~417 mm；当前 1 d 流量为 100~200 m³·s⁻¹ 时，洪水四级、三级、二级和一级预警对应的当日面雨量阈值范围分别为 0~29 mm、0~93 mm、121~221 mm 和 267~367 mm；当前 1 d 流量为 200~300 m³·s⁻¹ 时，洪水二级、一级预警对应的当日面雨量阈值范围分别为 20~121 mm、166~267 mm；当前 1 d 流量为 300~500 m³·s⁻¹ 时，洪水一级预警对应的当日面雨量阈值范围为 0~166 mm。

表 6-33　萍河下河西站洪水分级预警面雨量阈值

预警级别	致灾流量 / (m³·s⁻¹)	前 1 d 流量 / (m³·s⁻¹)	当日面雨量 / mm	预测流量 / (m³·s⁻¹)
四级	115.7		129	116
三级	176.1	0	193	176
二级	296.9		321	297
一级	434.6		467	435
四级	115.7		79~119	116
三级	176.1	10~50	143~183	176
二级	296.9		271~311	297
一级	434.6		417~457	435

预警级别	致灾流量 / (m³·s⁻¹)	前 1 d 流量 / (m³·s⁻¹)	当日面雨量 / mm	预测流量 / (m³·s⁻¹)
四级	115.7		29~79	116
三级	176.1	50~100	93~143	176
二级	296.9		221~271	297
一级	434.6		367~417	435
四级	115.7		0~29	116
三级	176.1	100~200	0~93	176
二级	296.9		121~221	297
一级	434.6		267~367	435
四级	115.7		—	—
三级	176.1	200~300	—	—
二级	296.9		20~121	297
一级	434.6		166~267	435
四级	115.7		—	—
三级	176.1	300~500	—	—
二级	296.9		—	—
一级	434.6		0~166	435
四级	115.7		—	—
三级	176.1	500~700	—	—
二级	296.9		—	—
一级	434.6		—	—

（10）孝义河

表 6-34 为孝义河基于综合模型的洪水分级预警面雨量阈值，总的来看，随着前 1 d 流量的增加，洪水分级预警当日面雨量阈值在逐渐降低。具体来看，当前 1 d 流量为 0 时，洪水四级、三级、二级和一级预警对应的当日面雨量阈值分别约为 94 mm、136 mm、314 mm 和 447 mm；当前 1 d 流量为 $10\sim30\ \mathrm{m^3\cdot s^{-1}}$ 时，洪水四级、三级、二级和一级预警对应的当日面雨量阈值范围分别为 $85\sim91$ mm、$127\sim133$ mm、$304\sim311$ mm 和 $438\sim444$ mm；当前 1 d 流量为 $30\sim100\ \mathrm{m^3\cdot s^{-1}}$ 时，洪水四级、三级、二级和一级预警对应的当日面雨量阈值范围分别为 $63\sim85$ mm、$105\sim127$ mm、$283\sim304$ mm 和 $416\sim438$ mm；当前 1 d 流量为 $100\sim200\ \mathrm{m^3\cdot s^{-1}}$ 时，洪水四级、三级、二级和一级预警对应的当日面雨量阈值范围分别为 $0\sim63$ mm、$74\sim105$ mm、

251～283 mm 和 385～416 mm；当前 1 d 流量为 200～300 m³·s⁻¹ 时，洪水三级、二级和一级预警对应的当日面雨量阈值范围分别为 42～74 mm、220～251 mm 和 354～385 mm；当前 1 d 流量为 300～500 m³·s⁻¹ 时，洪水三级、二级和一级预警对应的当日面雨量阈值范围分别为 0～42 mm、108～220 mm 和 291～354 mm；当前 1 d 流量为 500～1000 m³·s⁻¹ 时，洪水二级、一级预警对应的当日面雨量阈值范围为 2～108 mm、135～291 mm；当前 1 d 流量为 1000～1500 m³·s⁻¹ 时，洪水二级、一级预警对应的当日面雨量阈值范围为 0～2 mm、0～135 mm。

表 6-34 孝义河东方机站洪水分级预警面雨量阈值

预警级别	致灾流量 / (m³·s⁻¹)	前 1 d 流量 / (m³·s⁻¹)	当日面雨量 / mm	预测流量 / (m³·s⁻¹)
四级	193.6	0	94	194
三级	297.7		136	298
二级	735.9		314	737
一级	1065.8		447	1066
四级	193.6	10～30	85～91	194
三级	297.7		127～133	298
二级	735.9		304～311	736
一级	1065.8		438～444	1825
四级	193.6	30～100	63～85	194
三级	297.7		105～127	298
二级	735.9		283～304	736
一级	1065.8		416～438	1066
四级	193.6	100～200	0～63	194
三级	297.7		74～105	298
二级	735.9		251～283	736
一级	1065.8		385～416	1066
四级	193.6	200～300	—	—
三级	297.7		42～74	298
二级	735.9		220～251	736
一级	1065.8		354～385	1066
四级	193.6	300～500	—	—
三级	297.7		0～42	298
二级	735.9		108～220	736
一级	1065.8		291～354	1066

续表

预警级别	致灾流量 / (m³·s⁻¹)	前 1 d 流量 / (m³·s⁻¹)	当日面雨量 / mm	预测流量 / (m³·s⁻¹)
四级	193.6		—	—
三级	297.7	500~1000	—	—
二级	735.9		2~108	736
一级	1065.8		135~291	1066
四级	193.6		—	—
三级	297.7	1000~1500	—	—
二级	735.9		0~2	736
一级	1065.8		0~135	1825

6.4 影响预警面雨量阈值的验证

6.4.1 基于统计模型的影响预警阈值验证

利用 1963 年 8 月、1996 年 8 月和 2016 年 7 月 3 次洪水过程以及 2017—2019 年 7—8 月的智能网格实况数据对基于线性模型建立的洪水分级预警面雨量阈值进行验证。传统的洪水预警验证指标将虚警（实际不需要预警或未达到相应级别，而模型发出预警）和漏警（实际需要预警，但模型未预警）同等对待（张艳军 等，2021）。但是洪水预警的首要目标是保障人民群众生命安全并规避重大财产损失，因此，在洪水预警实践中，需要着重避免因漏警而造成重大人员伤亡和财产损失，当模型模拟预警比实际预警等级稍高或预警日期在实际需要预警日期之前，对于防洪减灾效果来讲是更加安全的。特别是对于雄安新区的上游中小河流洪水预警，更应该规避漏警情况的出现。为此，以预警正确率来表征预警验证的效果，预警正确率的计算为有效预警次数（总预警次数－低估和漏报预警次数）与总预警次数的比值。

各流域基于线性模型确定的洪水分级预警 24 h 面雨量阈值的验证结果汇总见表 6-35。从表 6-35 中的结果可以看出，洪水分级预警 24 h 面雨量阈值对于各流域的预警正确率都非常高。在 1963 年 8 月、1996 年 8 月和 2016 年 7 月的 3 次洪水过程中，除了南拒马河和白沟河在 1963 年各有 1 次预警等级稍低一级，但并未漏发预警，其他流域都能有效发出预警。从 2017—2019 年 7—8 月的智能网格实况数据的验证效果，即最近几年的验证结果看，各流域考虑直接径流形成条件下的洪水分级预警 24 h 面雨量阈值的预警正确率也都非常高。

表 6-35　各流域历史洪水过程分级预警验证精度

流域（水文站）	正确率（有效预警次数 / 总预警次数）					
	"63·8" 洪水	"96·8" 洪水	"16·7" 洪水	2017 年	2018 年	2019 年
潴龙河（北郭村）	100%（4/4）	100%（2/2）	100%（2/2）	100%（0/0）	100%（3/3）	100%（2/2）
南拒马河（北河店）	75%（3/4）	100%（2/2）	100%（1/1）	100%（2/2）	100%（1/1）	100%（2/2）
白沟河（东茨村）	75%（3/4）	100%（2/2）	100%（2/2）	100%（2/2）	100%（3/3）	100%（1/1）
唐河（温仁）	100%（5/5）	100%（2/2）	100%（2/2）	100%（1/1）	100%（3/3）	100%（3/3）
漕河（漕河）	100%（4/4）	100%（2/2）	100%（2/2）	100%（3/3）	100%（2/2）	100%（5/5）
瀑河（徐水国平）	100%（5/5）	100%（2/2）	100%（2/2）	100%（2/2）	100%（2/2）	100%（4/4）
清水河（北辛店）	100%（5/5）	100%（2/2）	100%（2/2）	100%（1/1）	100%（3/3）	100%（2/2）
府河（东安）	100%（4/4）	100%（2/2）	100%（2/2）	100%（3/3）	100%（2/2）	100%（5/5）
萍河（下河西）	100%（5/5）	100%（2/2）	100%（2/2）	100%（1/1）	100%（3/3）	100%（4/4）
孝义河（东方机站）	100%（5/5）	100%（2/2）	100%（2/2）	100%（1/1）	100%（3/3）	100%（2/2）

　　表 6-36 为各流域 2022 年 7—8 月汛期的降水和流量的预警验证，总体来看，基于统计模型的影响预警阈值对 2022 年汛期的洪水过程的预警验证结果较好，未有漏警情况出现。从汛期降水和流量的对应关系可以发现，雄安新区上游各流域即使是降水量较大的汛期，大部分河流中观测到的流量也非常小。这使得基于统计模型的影响预警方法在降水量较大的时候会出现高估预警的情况。因为洪水预警的首要目标是规避重大人员伤亡和财产损失，在洪水预警实践中，需要着重避免因漏警而造成重大人员伤亡和财产损失，当模型模拟预警比实际预警等级稍高或预警日期在实际需要预警日期之前，对于防洪减灾来讲，有助于更好地提前应对灾害。未来随着雄安新区自然生态环境的修复和改善，各流域的降水和流量关系逐步恢复自然产流状态和过程，基于统计模型的影响预警方法预计可以更好地发挥及时有效的预警作用。

表 6-36　各流域 2022 年 7—8 月汛期降水和流量对应关系

7 月 27 日				
流域名称	前 1 d 面雨量 /mm	面雨量 /mm	预警等级	验证预警	日流量 /（m³·s⁻¹）
潴龙河	3.9	58.3	4	高估预警	0.362
南拒马河	4.6	91.2	3	高估预警	3.89
白沟河	12.4	70.7	2	高估预警	17.4
唐河	6.5	66.1	2	高估预警	0.001
漕河	3.1	106.3	1	高估预警	4.76

续表

7 月 27 日

流域名称	前 1 d 面雨量 /mm	面雨量 /mm	预警等级	验证预警	日流量 / (m³ · s⁻¹)
瀑河	2.8	110.8	2	高估预警	4.4
清水河	2.0	110.3	2	高估预警	0.047
府河	2.1	112.3	1	高估预警	6.71
萍河	2.5	110.9	2	高估预警	0
孝义河	2.4	102.5	2	高估预警	4.12

8 月 6 日

流域名称	前 1 d 面雨量 /mm	面雨量 /mm	预警等级	验证预警	日流量 / (m³ · s⁻¹)
潴龙河	0.9	19.5	无	正确	0.017
南拒马河	0.1	36.3	4	高估预警	10.2
白沟河	0.1	25.3	4	高估预警	24
唐河	0.3	28.2	4	高估预警	0
漕河	0.3	42.1	3	高估预警	1.51
瀑河	0.2	44.4	3	高估预警	0.573
清水河	0.4	48.6	4	高估预警	1.28
府河	0.4	53.2	3	高估预警	17.2
萍河	0.3	47.8	3	高估预警	0
孝义河	1.7	24.9	无	正确	3.53

8 月 7 日

流域名称	前 1 d 面雨量 /mm	面雨量 /mm	预警等级	验证预警	日流量 / (m³ · s⁻¹)
潴龙河	19.5	22.8	无	正确	0.252
南拒马河	36.3	4.0	无	正确	7.19
白沟河	25.3	0.1	无	正确	26.7
唐河	28.2	8.2	无	正确	0
漕河	42.1	11.4	无	正确	1.4
瀑河	44.4	12.0	无	正确	0.573
清水河	48.6	12.0	无	正确	1.89
府河	53.2	12.0	无	正确	33.9
萍河	47.8	11.2	无	正确	0
孝义河	24.9	30.5	4	高估预警	3.65

续表

8月21日				
流域名称	前1d面雨量/mm	面雨量/mm	预警等级	验证预警	日流量/(m³·s⁻¹)
潴龙河	22.6	74.4	3	高估预警	0
南拒马河	31.1	38.3	4	高估预警	2.77
白沟河	28.3	26.1	4	高估预警	18.9
唐河	30.9	65.0	2	高估预警	0
漕河	33.2	64.4	3	高估预警	0.972
瀑河	26.4	59.9	3	高估预警	0.83
清水河	32.8	74.5	3	高估预警	3.68
府河	24.8	72.3	2	高估预警	9.85
萍河	20.1	57.8	3	高估预警	0
孝义河	17.2	91.9	3	高估预警	1.13

基于统计模型的影响预警阈值的各流域详细历史洪水过程和2017—2019年验证过程如下：

（1）潴龙河

表6-37为潴龙河北郭村站2018—2019年7—8月的预警验证结果。总体来看，2018年和2019年7—8月雨季期间，基于统计模型的影响预警阈值预警结果不存在漏警情况，效果较好。具体来看，2018年7月11日、2018年7月18日、2018年7月22日、2018年7月29日潴龙河的智能网格实况面雨量分别为35.8 mm、31.1 mm、32.4 mm、33.9 mm，达到了统计模型的四级预警阈值，发出四级预警，但由于该地区河流受人类活动影响严重，实际河流并未明显产流，未发生漏警情况，其余时间均未达到预警阈值且实际也没有明显产流，也都预警正确。

需要说明的是，洪水预警的首要目标是保障人民群众生命安全并规避重大财产损失，因此，在洪水预警实践中，需要着重避免因漏警而造成重大人员伤亡和财产损失，当模型模拟预警比实际预警等级稍高或预警日期在实际需要预警日期之前，对于防洪减灾效果来讲是更加安全的。气象部门基于降水特征和最大程度保障人民群众安全避免漏警情况发生的角度考量，将灾害风险防范于未然而产生的提前预警和高估预警都有助于更好地提前应对灾害，因此，也将此种情况作为正确预警对待。

表6-38为潴龙河北郭村站2016年7月洪水过程的预警验证结果。总体来看，基于统计模型的影响预警阈值对2016年7月洪水过程的预警验证结果很好，未有漏警情况出现。从2016年7月10日有观测降雨开始至2016年7月18日期间，观测面雨量阈值均未超过预警阈值，模型未发出预警，实际的河流流量也未达到致灾流量，预警正确。

2016 年 7 月 19 日前 1 d 面雨量小于 10 mm，当日面雨量达到 89.9 mm，超过三级预警面雨量阈值（63 mm），小于二级预警面雨量阈值（92 mm），发出三级预警，实际观测的河流流量于 2016 年 7 月 21 日也达到了三级预警对应的致灾流量，提前发布预警且预警等级正确，预警验证效果较好。

表 6-37　潴龙河北郭村站 2018—2019 年 7—8 月预警验证

日期	智能网格实况面雨量 /mm	日流量 /（m³·s⁻¹）	模型预警	验证预警
2018/7/10	1.3	0.262	无	正确
2018/7/11	35.8	0.279	四级预警	高估预警
2018/7/12	0.7	0.297	无	正确
2018/7/17	11.6	0.902	无	正确
2018/7/18	31.1	1.08	四级预警	高估预警
2018/7/19	1.5	1.25	无	正确
2018/7/21	1.8	1.23	无	正确
2018/7/22	32.4	1.13	四级预警	高估预警
2018/7/23	0.0	1.05	无	正确
2019/7/28	21.6	0.852	无	正确
2019/7/29	33.9	2.22	四级预警	高估预警
2019/7/30	0.0	6.49	无	正确
2019/8/8	0.1	1.99	无	正确
2019/8/9	29.9	1.23	无	正确
2019/8/10	0.3	2.07	无	正确

表 6-38　潴龙河北郭村站 2016 年 7 月洪水过程预警验证

日期	面雨量 /mm	日流量/（m³·s⁻¹）	模型预警	验证预警
2016/7/10	0.0	11.3	无	正确
2016/7/11	0.0	11.0	无	正确
2016/7/12	22.0	14.1	无	正确
2016/7/13	0.0	15.6	无	正确
2016/7/14	4.3	17.0	无	正确
2016/7/15	4.5	17.5	无	正确
2016/7/16	2.8	17.7	无	正确
2016/7/17	7.0	19.3	无	正确
2016/7/18	0.3	19.4	无	正确

日期	面雨量 /mm	日流量 / (m³·s⁻¹)	模型预警	验证预警
2016/7/19	89.9	116.6	三级预警	提前 2 d
2016/7/20	69.2	399.1	三级预警	提前 1 d
2016/7/21	11.7	599.6		
2016/7/22	0.0	588.0		
2016/7/23	0.6	492.9		

表 6-39 为潴龙河北郭村站 1996 年 7—8 月洪水过程的预警验证结果。总体来看，基于统计模型的影响预警阈值对 1996 年 7—8 月洪水过程的预警验证结果很好，未有漏警情况出现。从 1996 年 7 月 26 日有观测降雨开始至 1996 年 8 月 3 日期间，观测面雨量阈值均未超过预警阈值，模型未发出预警，实际的河流流量也未达到致灾流量，预警正确。1996 年 8 月 4 日前 1 d 面雨量小于 10 mm，当日面雨量达到 81.7 mm，超过三级预警面雨量阈值（63 mm），小于二级预警面雨量阈值（92 mm），发出三级预警，实际观测的河流流量于 1996 年 8 月 6 日也达到了三级预警对应的致灾流量，提前发布预警且预警等级正确，预警验证效果较好。

表 6-39　潴龙河 1996 年 7—8 月洪水过程预警验证

日期	面雨量 /mm	日流量 / (m³·s⁻¹)	模型预警	验证预警
1996/7/26	0.0	111.1	无	正确
1996/7/27	1.4	105.3	无	正确
1996/7/28	6.4	100.5	无	正确
1996/7/29	6.0	98.8	无	正确
1996/7/30	6.3	101.0	无	正确
1996/7/31	10.6	107.5	无	正确
1996/8/1	9.2	113.6	无	正确
1996/8/2	2.6	110.5	无	正确
1996/8/3	9.6	108.4	无	正确
1996/8/4	81.7	267.3	三级预警	提前 2 d
1996/8/5	62.2	641.2	三级预警	提前 1 d
1996/8/6	0.2	821.6	无	
1996/8/7	0.3	745.6	无	
1996/8/8	6.3	629.2	无	
1996/8/9	24.8	576.8		
1996/8/10	12.9	559.4		
1996/8/11	1.1	494.7		

日期	面雨量 /mm	日流量/（m³·s⁻¹）	模型预警	验证预警
1996/8/12	4.4	404.5		
1996/8/13	5.3	331.9		
1996/8/14	0.0	237.0		

表 6-40 为潴龙河北郭村站 1963 年 8 月洪水过程的预警验证结果。总体来看，基于统计模型的影响预警阈值对 1963 年 8 月洪水过程的预警验证结果非常好，未有漏警情况出现。从 1963 年 7 月 31 日有观测降雨开始至 1963 年 8 月 3 日期间，观测面雨量阈值均未超过预警阈值，模型未发出预警，实际的河流流量也未达到致灾流量，预警正确。1963 年 8 月 4 日前 1 d 面雨量小于 10 mm，当日面雨量达到 51.2 mm，超过四级预警面雨量阈值（31 mm），小于三级预警面雨量阈值（63 mm），发出四级预警，实际观测的河流流量于 1996 年 8 月 5 日也达到了三级预警对应的致灾流量，提前发布预警且预警等级正确。1963 年 8 月 5 日前 1 d 面雨量大于 10 mm，当日面雨量达到 97.0 mm，超过二级预警面雨量阈值（87 mm），小于一级预警面雨量阈值（160 mm），发出二级预警，实际观测的河流流量于 1963 年 8 月 6 日也达到了二级预警对应的致灾流量，提前发布预警且预警等级正确。1963 年 8 月 6 日前 1 d 面雨量大于 10 mm，当日面雨量达到 97.5 mm，超过二级预警面雨量阈值（87 mm），小于一级预警面雨量阈值（160 mm），发出二级预警，实际观测的河流流量于 1963 年 8 月 6 日也达到了二级预警对应的致灾流量，准确发布预警且预警等级正确。1963 年 8 月 7 日前 1 d 面雨量大于 10 mm，当日面雨量达到 160.6 mm，超过一级预警面雨量阈值（160 mm），发出一级预警，实际观测的河流流量于 1963 年 8 月 7 日也达到了一级预警对应的致灾流量，准确发布预警且预警等级正确，整体的预警验证效果较好。

表 6-40　潴龙河 1963 年 8 月洪水过程预警验证

日期	面雨量 /mm	日流量/（m³·s⁻¹）	模型预警	验证预警
1963/7/31	0.0	25.3	无	正确
1963/8/1	0.0	24.7	无	正确
1963/8/2	6.4	24.9	无	正确
1963/8/3	9.1	26.2	无	正确
1963/8/4	51.2	81.4	四级预警	提前 1 d
1963/8/5	97.0	414.8	二级预警	提前 1 d
1963/8/6	97.5	1000.5	二级预警	正确
1963/8/7	160.6	1797.6	一级预警	正确
1963/8/8	56.5	2423.7		

续表

日期	面雨量 /mm	日流量/（m³·s⁻¹）	模型预警	验证预警
1963/8/9	19.6	2514.9		
1963/8/10	1.4	2319.8		
1963/8/11	0.0	2038.7		
1963/8/12	0.0	1781.8		
1963/8/13	0.0	1558.9		

（2）南拒马河

表 6-41 为南拒马河北河店站 2017—2019 年 7—8 月的预警验证结果。总体来看，2017—2019 年 7—8 月雨季期间，基于统计模型的影响预警阈值预警结果不存在漏警情况，效果较好。具体来看，2017 年 7 月 6 日、2018 年 8 月 22 日、2018 年 8 月 12 日、2019 年 7 月 5 日、2019 年 7 月 22 日南拒马河的智能网格实况面雨量分别为 65.4 mm、67 mm、42.9 mm、33.8 mm、52 mm，达到了统计模型的四级预警阈值，发出四级预警，但由于该地区河流受人类活动影响严重，实际河流并未明显产流，未发生漏警情况，预警正确，其余时间均未达到预警阈值且实际也没有明显产流，也都预警正确。

表 6-41　南拒马河北河店站 2017—2019 年 7—8 月预警验证

日期	智能网格实况面雨量 /mm	日流量/（m³·s⁻¹）	模型预警	验证预警
2017/7/5	5.3	2.8	无	正确
2017/7/6	65.4	14.8	四级预警	高估预警
2017/7/7	0.3	28.0	无	正确
2017/8/21	0.0	5.2	无	正确
2017/8/22	67.0	5.4	四级预警	高估预警
2017/8/23	1.4	15.2	无	正确
2018/8/11	9.7	29.0	无	正确
2018/8/12	42.9	18.4	四级预警	高估预警
2018/8/13	5.7	11.5	无	正确
2019/7/4	1.3	0.645	无	正确
2019/7/5	33.8	0.775	四级预警	高估预警
2019/7/6	1.1	1.01	无	正确
2019/7/21	2.2	1.13	无	正确
2019/7/22	52.0	1.25	四级预警	高估预警
2019/7/23	0.0	1.62	无	正确

表 6-42 为南拒马河 2016 年 7 月洪水过程的预警验证结果。总体来看，基于统计模型的影响预警阈值对南拒马河 2016 年 7 月洪水过程的预警验证结果很好，未有漏警情况出现。从 2016 年 7 月 13 日有观测降雨开始至 2016 年 7 月 19 日期间，观测面雨量阈值均未超过预警阈值，模型未发出预警，实际的河流流量也未达到致灾流量，预警正确。2016 年 7 月 20 日前 1 d 面雨量大于 10 mm，当日面雨量达到 159.8 mm，超过二级预警面雨量阈值（130 mm），小于一级预警面雨量阈值（130 mm），发出二级预警，实际观测的河流流量于 2016 年 7 月 21 日也达到接近四级预警对应的致灾流量，提前发布预警，预警等级稍高，预警验证效果相对较好。

表 6-42　南拒马河 2016 年 7 月洪水过程预警验证

日期	面雨量 /mm	日流量/（m³·s⁻¹）	模型预警	验证预警
2016/7/13	0.0	3.6	无	正确
2016/7/14	1.5	3.3	无	正确
2016/7/15	3.9	3.1	无	正确
2016/7/16	0.1	3.0	无	正确
2016/7/17	0.2	2.9	无	正确
2016/7/18	0.1	2.9	无	正确
2016/7/19	23.1	4.1	无	正确
2016/7/20	159.8	171.1	二级预警	提前 1 d
2016/7/21	5.1	345.4		
2016/7/22	0.0	308.1		

表 6-43 为南拒马河 1996 年 7—8 月洪水过程的预警验证结果。总体来看，基于统计模型的影响预警阈值对南拒马河 1996 年 7—8 月洪水过程的预警验证结果很好，未有漏警情况出现。从 1996 年 7 月 26 日有观测降雨开始至 1996 年 8 月 3 日期间，观测面雨量阈值均未超过预警阈值，模型未发出预警，实际的河流流量也未达到致灾流量，预警正确。1996 年 8 月 4 日前 1 d 面雨量大于 10 mm，当日面雨量达到 36.5 mm，超过四级预警面雨量阈值（30 mm），小于三级预警面雨量阈值（60 mm），发出四级预警，实际观测的河流流量于 1996 年 8 月 5 日也超过四级预警对应的致灾流量，提前发布预警。1996 年 8 月 5 日前 1 d 面雨量大于 10 mm，当日面雨量达到 79.8 mm，超过三级预警面雨量阈值（60 mm），小于二级预警面雨量阈值（130 mm），发出三级预警，实际观测的河流流量于 1996 年 8 月 5 日也达到三级预警对应的致灾流量，正确发布预警且预警等级正确。

表 6-43　南拒马河 1996 年 7—8 月洪水过程预警验证

日期	面雨量 /mm	日流量 / (m³·s⁻¹)	模型预警	验证预警
1996/7/26	0.0	58.0	无	正确
1996/7/27	1.9	48.4	无	正确
1996/7/28	6.6	49.1	无	正确
1996/7/29	10.0	56.3	无	正确
1996/7/30	13.8	57.6	无	正确
1996/7/31	35.5	98.5	无	正确
1996/8/1	9.7	131.0	无	正确
1996/8/2	1.2	150.0	无	正确
1996/8/3	19.3	150.0	无	正确
1996/8/4	36.5	176.0	四级预警	提前 1 d
1996/8/5	79.8	805.0	三级预警	正确
1996/8/6	0.2	883.0		
1996/8/7	0.7	531.0		
1996/8/8	0.1	451.0		
1996/8/9	8.3	390.0		
1996/8/10	33.1	371.0		
1996/8/11	3.3	287.0		
1996/8/12	4.2	263.0		
1996/8/13	0.6	204.0		
1996/8/14	0.0	186.0		

表 6-44 为南拒马河 1963 年 8 月洪水过程的预警验证结果。总体来看，基于统计模型的影响预警阈值对南拒马河 1963 年 8 月洪水过程的预警验证结果相对较好，未有漏警情况出现。从 1963 年 8 月 1 日有观测降雨开始至 1963 年 8 月 4 日期间，观测面雨量阈值均未超过预警阈值，模型未发出预警，实际的河流流量也未达到致灾流量，预警正确。1963 年 8 月 5 日前 1 d 面雨量小于 10 mm，当日面雨量达到 51.2 mm，超过四级预警面雨量阈值（31 mm），小于三级预警面雨量阈值（63 mm），发出四级预警，实际观测的河流流量于 1996 年 8 月 5 日也达到了三级预警对应的致灾流量，提前发布预警且预警等级正确。1963 年 8 月 5 日前 1 d 面雨量大于 10 mm，当日面雨量达到 85.1 mm，超过三级预警面雨量阈值（60 mm），小于二级预警面雨量阈值（130 mm），发出三级预警，8 月 6 日面雨量同样高于三级预警面雨量阈值而低于二级预警面雨量阈值。8 月 7 日前 1 d 面雨量大于 10 mm，当日面雨量达到 157.4 mm，面雨量同样高于二级预警面雨量阈值而低于一级预警面雨量阈值，实际观测的河流流量于 1963 年 8 月 7 日也达到

了二级预警对应的致灾流量，提前发布预警且预警等级正确。8 月 8 日前 1 d 面雨量大于 10 mm，当日面雨量达到 140.0 mm，超过二级预警面雨量阈值（130 mm），小于一级预警面雨量阈值（280 mm），发出二级预警，实际观测的河流流量于 1963 年 8 月 8 日达到现状流量阈值，即一级预警对应致灾流量，准确发布预警，预警等级稍低。

表 6-44　南拒马河 1963 年 8 月洪水过程预警验证

日期	日降水 /mm	日流量 /（m³·s⁻¹）	模型预警	验证预警
1963/8/1	0.0	5.1	无	正确
1963/8/2	0.1	4.7	无	正确
1963/8/3	13.9	19.5	无	正确
1963/8/4	27.2	44.6	无	正确
1963/8/5	85.1	158	三级预警	提前 2 d
1963/8/6	81	282	三级预警	提前 1 d
1963/8/7	157.4	1100	二级预警	正确
1963/8/8	140	2600	二级预警	预警等级稍低
1963/8/9	31.7	1390		
1963/8/10	0.1	718		
1963/8/11	0.0	500		
1963/8/12	0.0	386		
1963/8/13	0.0	324		

（3）白沟河

表 6-45 为白沟河东茨村站 2017 年 7—8 月的预警验证结果。总体来看，2017 年 7—8 月雨季期间，基于统计模型的影响预警阈值预警结果不存在漏警情况，效果较好。具体来看，2017 年 7 月 6 日、2017 年 8 月 22 日白沟河的智能网格实况面雨量分别为 39.1 mm、29.9 mm，分别达到了统计模型的三级和四级预警阈值，实际河流有少量产流但还未达到致灾流量阈值，整体预警结果未发生漏警情况，预警正确，其余时间均未达到预警阈值且实际也没有明显产流，也都预警正确。

表 6-45　白沟河东茨村站 2017 年 7—8 月预警验证

日期	智能网格实况面雨量 /mm	日流量 /（m³·s⁻¹）	模型预警	验证预警
2017/7/5	14.0	21.9	无	正确
2017/7/6	39.1	51.2	三级预警	高估预警
2017/7/7	5.2	78.4	无	正确
2017/8/21	0.0	23.3	无	正确

日期	智能网格实况面雨量 /mm	日流量 / (m³·s⁻¹)	模型预警	验证预警
2017/8/22	29.9	24.3	四级预警	高估预警
2017/8/23	9.0	43.3	无	正确

表 6-46 为白沟河 2016 年 7 月洪水过程的预警验证结果。总体来看，基于统计模型的影响预警阈值对白沟河 2016 年 7 月洪水过程的预警验证结果很好，未有漏警情况出现。从 2016 年 7 月 16 日有观测降雨开始至 2016 年 7 月 18 日期间，观测面雨量阈值均未超过预警阈值，模型未发出预警，实际的河流流量也未达到致灾流量，预警正确。2016 年 7 月 19 日前 1 d 面雨量小于 10 mm，当日面雨量达到 33.3 mm，超过四级预警面雨量阈值（24 mm），小于三级预警面雨量阈值（40 mm），发出四级预警，实际观测的河流流量于 2016 年 7 月 20 日也达到四级预警对应的致灾流量，提前 1 d 发布预警且预警等级正确。2016 年 7 月 20 日前 1 d 面雨量大于 10 mm，当日面雨量达到 159.1 mm，达到一级预警面雨量阈值（120 mm），发出一级预警，实际观测的河流流量于 2016 年 7 月 21 日也达到三级预警对应的致灾流量，提前 1 d 发布预警，预警等级稍高。整体来看预警验证效果相对较好，未有漏警情况出现。

表 6-46　白沟河东茨村站 2016 年 7 月洪水过程预警验证

日期	面雨量 /mm	日流量 / (m³·s⁻¹)	模型预警	验证预警
2016/7/16	0.0	18.4	无	正确
2016/7/17	1.6	18.3	无	正确
2016/7/18	0.2	18.2	无	正确
2016/7/19	33.3	27.8	四级预警	提前 1 d
2016/7/20	159.1	311.5	一级预警	提前 1 d，高估预警
2016/7/21	8.7	605.2		
2016/7/22	0.2	515.0		
2016/7/23	0.2	358.4		
2016/7/24	1.4	233.8		
2016/7/25	10.9	191.5		
2016/7/26	0.0	174.6		

表 6-47 为白沟河 1996 年 8 月洪水过程的预警验证结果。总体来看，基于统计模型的影响预警阈值对白沟河 1996 年 8 月洪水过程的预警验证结果很好，未有漏警情况出现。从 1996 年 7 月 26 日有观测降雨开始至 1996 年 8 月 3 日期间，观测面雨量阈值均未超过预警阈值，模型未发出预警，实际的河流流量也未达到致灾流量，预警正确。1996 年 8 月 4 日前 1 d 面雨量大于 10 mm，当日面雨量达到 24.7 mm，超过四级预警面雨量阈值（19 mm），小于三级预警面雨量阈值（33 mm），发出四级预警，实际观测的

河流流量于 1996 年 8 月 5 日也超过四级预警对应的致灾流量，提前发布预警且预警等级正确。1996 年 8 月 5 日前 1 d 面雨量大于 10 mm，当日面雨量达到 52.0 mm，超过三级预警面雨量阈值（33 mm），小于二级预警面雨量阈值（58 mm），发出三级预警，正确发布预警，预警等级稍有高估。

表 6-47　白沟河东茨村站 1996 年 8 月洪水过程预警验证

日期	面雨量 /mm	日流量/（m³·s⁻¹）	模型预警	验证预警
1996/7/26	0.0	30.0	无	正确
1996/7/27	1.4	28.3	无	正确
1996/7/28	11.7	35.1	无	正确
1996/7/29	13.4	43.9	无	正确
1996/7/30	9.3	50.5	无	正确
1996/7/31	15.4	73.3	无	正确
1996/8/1	4.8	91.7	无	正确
1996/8/2	1.1	79.3	无	正确
1996/8/3	18.6	77.1	无	正确
1996/8/4	24.7	132.5	四级预警	提前 1 d
1996/8/5	52.0	319.1	三级预警	高估预警
1996/8/6	0.4	425.3		
1996/8/7	0.5	325.1		
1996/8/8	0.3	215.5		
1996/8/9	4.7	148.4		
1996/8/10	23.8	142.1		
1996/8/11	12.1	145.8		
1996/8/12	4.9	120.7		
1996/8/13	4.3	95.6		
1996/8/14	0.0	81.9		

表 6-48 为白沟河 1963 年 8 月洪水过程的预警验证结果。总体来看，基于统计模型的影响预警阈值对白沟河 1963 年 8 月洪水过程的预警验证结果相对较好，未有漏警情况出现。从 1963 年 8 月 1 日有观测降雨开始至 1963 年 8 月 5 日期间，观测面雨量阈值均未超过预警阈值，模型未发出预警，实际的河流流量也未达到致灾流量，预警正确。1963 年 8 月 6 日前 1 d 面雨量大于 10 mm，当日面雨量达到 33.6 mm，超过三级预警面雨量阈值（33 mm），小于二级预警面雨量阈值（58 mm），发出三级预警，实际观测的河流流量于 1996 年 8 月 8 日也达到了三级预警对应的致灾流量，提前发布预警且预警

等级正确。1963 年 8 月 7 日前 1 d 面雨量大于 10 mm，当日面雨量达到 88.8 mm，超过二级预警面雨量阈值（58 mm），小于一级预警面雨量阈值（120 mm），发出二级预警，实际观测的河流流量于 1963 年 8 月 8 日也达到了二级预警对应的致灾流量，提前发布预警且预警等级正确。8 月 8 日前 1 d 面雨量大于 10 mm，当日面雨量达到 99.1 mm，超过二级预警面雨量阈值（58 mm），小于一级预警面雨量阈值（120 mm），发出二级预警，实际观测的河流流量于 1963 年 8 月 8 日达到二预警对应致灾流量，准确发布预警且预警等级正确，但在 8 月 9 日观测的河流流量进一步升高至一级预警对应的致灾流量阈值，模型在此次降雨过程中提前 1 d 最高发布了二级预警，提前发布预警，预警等级稍低。

表 6-48　白沟河东茨村站 1963 年 8 月洪水过程预警验证

日期	面雨量 /mm	日流量/（m³·s⁻¹）	模型预警	验证预警
1963/8/1	0.0	16.8	无	正确
1963/8/2	0.1	16.6	无	正确
1963/8/3	12.0	21.7	无	正确
1963/8/4	10.6	43.4	无	正确
1963/8/5	14.7	96.1	无	正确
1963/8/6	33.6	269.4	三级预警	提前 1 d
1963/8/7	88.8	720.9	二级预警	提前 1 d
1963/8/8	99.1	1487.5	二级预警	正确
1963/8/9	36.8	1951.8	三级预警	预警等级稍低
1963/8/10	0.2	1729.5		
1963/8/11	0.0	1287.3		
1963/8/12	0.0	903.4		
1963/8/13	0.0	607.9		
1963/8/14	0.2	394.2		

（4）唐河

表 6-49 为唐河 2017 年 7—8 月的预警验证结果。总体来看，2017 年 7—8 月雨季期间，基于统计模型的影响预警阈值预警结果不存在漏警情况，效果较好。具体来看，2017 年 7 月 6 日唐河的智能网格实况面雨量分别为 25.1 mm，达到了统计模型的四级预警阈值，实际河流有产流但还未达到致灾流量阈值，整体预警结果未发生漏警情况，其余时间均未达到预警阈值且实际也没有明显产流，均预警正确。

表 6-49　唐河温仁站 2017 年 7—8 月预警验证

日期	智能网格实况面雨量 /mm	日流量 / (m³·s⁻¹)	模型预警	验证预警
2017/7/5	2.3	7.6	无	正确
2017/7/6	25.1	123.6	四级预警	高估预警
2017/7/7	1.1	150.1	无	正确

表 6-50 为唐河 2016 年 7 月洪水过程的预警验证结果。总体来看，基于统计模型的影响预警阈值对唐河 2016 年 7 月洪水过程的预警验证结果很好，未有漏警情况出现。2016 年 7 月 18 日观测面雨量阈值未超过预警阈值，模型未发出预警，实际的河流流量也未达到致灾流量，预警正确。2016 年 7 月 19 日前 1 d 面雨量小于 10 mm，当日面雨量达到 63.0 mm，超过二级预警面雨量阈值（57 mm），小于一级预警面雨量阈值（81 mm），发出二级预警，实际观测的河流流量于 2016 年 7 月 20 日达到四级预警对应的致灾流量（24 mm），于 2016 年 7 月 21 日达到三级预警对应的致灾流量（35 mm），提前 1 d 发布预警，预警等级稍高，整体来看预警验证效果相对较好，未有漏警情况出现。

表 6-50　唐河温仁站 2016 年 7 月洪水过程预警验证

日期	面雨量 /mm	日流量 / (m³·s⁻¹)	模型预警	验证预警
2016/7/18	0.1	14.7	无	正确
2016/7/19	63.0	204.4	二级预警	提前 1 d，高估预警
2016/7/20	74.1	503.0	一级预警	高估预警
2016/7/21	7.5	682.3		
2016/7/22	0.0	606.4		
2016/7/23	0.3	426.7		
2016/7/24	3.6	244.3		
2016/7/25	25.8	236.0		
2016/7/26	0.0	233.5		
2016/7/27	0.0	138.8		

表 6-51 为唐河 1996 年 8 月洪水过程的预警验证结果。总体来看，基于统计模型的影响预警阈值对唐河 1996 年 8 月洪水过程的预警验证结果很好，未有漏警情况出现。从 1996 年 7 月 26 日有观测降雨开始至 1996 年 8 月 3 日期间，观测面雨量阈值均未超过预警阈值，模型未发出预警，实际的河流流量也未达到致灾流量，预警正确。1996 年 8 月 4 日前 1 d 面雨量小于 10 mm，当日面雨量达到 36.6 mm，超过三级预警面雨量阈值（35 mm），小于二级预警面雨量阈值（57 mm），发出三级预警，1996 年 8 月 5 日前 1 d 面雨量大于 10 mm，当日面雨量达到 61.0 mm，超过二级预警面雨量阈值（50 mm），小于一级预警面雨量阈值（73 mm），发出二级预警，实际观测的河流流量

于 1996 年 8 月 5 日也超过四级预警对应的致灾流量，提前发布预警，预警等级稍高。

表 6-51 唐河温仁站 1996 年 8 月洪水过程预警验证

日期	面雨量 /mm	日流量 / (m³·s⁻¹)	模型预警	验证预警
1996/7/26	0.0	27.1	无	正确
1996/7/27	1.3	28.5	无	正确
1996/7/28	6.6	25.4	无	正确
1996/7/29	4.1	23.5	无	正确
1996/7/30	4.7	23.7	无	正确
1996/7/31	9.2	30.2	无	正确
1996/8/1	5.9	34.8	无	正确
1996/8/2	3.0	28.4	无	正确
1996/8/3	5.4	22.8	无	正确
1996/8/4	36.6	179.7	三级预警	提前 2 d，高估预警
1996/8/5	61.0	451.1	二级预警	提前 1 d，高估预警
1996/8/6	0.2	589.6		
1996/8/7	0.3	498.5		
1996/8/8	1.3	325.6		
1996/8/9	7.6	165.9		
1996/8/10	13.6	112.4		
1996/8/11	2.3	65.8		
1996/8/12	8.3	46.9		
1996/8/13	3.8	37.2		
1996/8/14	0.0	38.0		

表 6-52 为唐河 1963 年 8 月洪水过程的预警验证结果。总体来看，基于统计模型的影响预警阈值对唐河 1963 年 8 月洪水过程的预警验证结果很好，未有漏警情况出现。从 1963 年 8 月 1 日有观测降雨开始至 1963 年 8 月 3 日期间，观测面雨量阈值均未超过预警阈值，模型未发出预警，实际的河流流量也未达到致灾流量，预警正确。1963 年 8 月 4 日前 1 d 面雨量大于 10 mm，当日面雨量达到 26.3 mm，超过四级预警面雨量阈值（18 mm），小于三级预警面雨量阈值（30 mm），发出四级预警，实际观测的河流流量于 1996 年 8 月 5 日接近四级预警对应致灾流量，于 8 月 6 日超过三级预警对应的致灾流量，提前发布预警。1963 年 8 月 5 日前 1 d 面雨量大于 10 mm，当日面雨量达到 72.7 mm，超过二级预警面雨量阈值（50 mm），小于一级预警面雨量阈值（70 mm），发出二级预警，实际观测的河流流量于 1996 年 8 月 7 日超过二级预警对应的致灾流量，提前发布预警。8 月 6 日和 8 月 7 日前 1 d 面雨量大于 10 mm，当日面雨量分别达到 93.8 mm 和

156.7 mm，面雨量高于一级预警面雨量阈值（73 mm），实际观测的河流流量于 1963 年 8 月 7 日也达到了一级预警对应的致灾流量，提前发布预警且预警等级正确。

表 6-52　唐河温仁站 1963 年 8 月洪水过程预警验证

日期	面雨量 /mm	日流量 /（m³·s⁻¹）	模型预警	验证预警
1963/8/1	0.0	15.8	无	正确
1963/8/2	1.8	11.0	无	正确
1963/8/3	11.2	11.5	无	正确
1963/8/4	26.3	100.2	四级预警	提前 2 d
1963/8/5	72.7	361.9	二级预警	提前 2 d
1963/8/6	93.8	819.2	一级预警	提前 2 d
1963/8/7	156.7	1529.3	一级预警	正确
1963/8/8	86.5	2232.5	一级预警	正确
1963/8/9	16.7	2477.0		
1963/8/10	0.3	2236.8		
1963/8/11	0.0	1801.2		
1963/8/12	0.0	1396.2		
1963/8/13	0.0	1070.0		

（5）漕河

表 6-53 为漕河 2017 年 7—8 月的预警验证结果。总体来看，2017 年 7—8 月雨季期间，基于统计模型的影响预警阈值预警结果不存在漏警情况，效果较好。具体来看，2017 年 7 月 6 日、2017 年 7 月 20 日、2017 年 8 月 22 日漕河的智能网格实况面雨量分别为 48.7 mm、34.5 mm、53.9 mm，分别达到了统计模型的三级和四级预警阈值，实际河流无明显产流，整体预警结果未发生漏警情况，其余时间均未达到预警阈值且实际也没有明显产流，均预警正确。

表 6-53　漕河 2017 年 7—8 月预警验证

日期	面雨量 /mm	日流量 /（m³·s⁻¹）	模型预警	验证预警
2017/7/5	0.2	0.6	无	正确
2017/7/6	48.7	3.1	三级预警	高估预警
2017/7/7	0.3	6.2	无	正确
2017/7/19	0.0	2.3	无	正确
2017/7/20	34.5	2.3	四级预警	高估预警
2017/7/21	5.1	2.2	无	正确

续表

日期	面雨量 /mm	日流量 / (m³·s⁻¹)	模型预警	验证预警
2017/8/21	0.0	1.3	无	正确
2017/8/22	53.9	1.2	三级预警	高估预警
2017/8/23	0.0	1.8	无	正确

表 6-54 为漕河 2016 年 7 月洪水过程的预警验证结果。总体来看，基于统计模型的影响预警阈值对漕河 2016 年 7 月洪水过程的预警验证结果很好，未有漏警情况出现。2016 年 7 月 16 日至 2016 年 7 月 19 日观测面雨量阈值未超过预警阈值，模型未发出预警，实际的河流流量也未达到致灾流量，预警正确。2016 年 7 月 20 日前 1 d 面雨量大于 10 mm，当日面雨量达到 161.0 mm，超过一级预警面雨量阈值（100 mm），发出一级预警，实际观测的河流流量于 2016 年 7 月 20 日达到四级预警对应的致灾流量，于 2016 年 7 月 21 日达到四级预警对应的致灾流量，提前 1 d 发布预警，预警等级稍高，整体来看预警验证效果相对较好，未有漏警情况出现。

表 6-54　漕河 2016 年 7 月洪水过程预警验证

日期	面雨量 /mm	日流量 / (m³·s⁻¹)	模型预警	验证预警
2016/7/16	0.0	0.1	无	正确
2016/7/17	0.0	0.1	无	正确
2016/7/18	0.1	0.1	无	正确
2016/7/19	10.1	0.1	无	正确
2016/7/20	161.0	40.1	一级预警	提前 1 d，高估预警
2016/7/21	6.0	81.9		
2016/7/22	0.0	71.3		

表 6-55 为漕河 1996 年 7—8 月洪水过程的预警验证结果。总体来看，基于统计模型的影响预警阈值对漕河 1996 年 7—8 月洪水过程的预警验证结果很好，未有漏警情况出现。从 1996 年 7 月 26 日有观测降雨开始至 1996 年 7 月 30 日期间，观测面雨量阈值均未超过预警阈值，模型未发出预警，实际的河流流量也未达到致灾流量，预警正确。1996 年 7 月 31 日前 1 d 面雨量小于 10 mm，当日面雨量达到 37.1 mm，超过四级预警面雨量阈值（29 mm），小于三级预警面雨量阈值（41 mm），发出四级预警。从 1996 年 8 月 1 日有观测降雨开始至 1996 年 8 月 4 日期间，观测面雨量阈值均未超过预警阈值，模型未发出预警，实际的河流流量也未达到致灾流量，预警正确。1996 年 8 月 5 日前 1 d 面雨量大于 10 mm，当日面雨量达到 113.9 mm，超过一级预警面雨量阈值（97 mm），发出一级预警，实际观测的河流流量于 1996 年 8 月 6 日达到三级预警对应的致灾流量，提前发布了预警，预警等级稍高。

表 6-55 漕河 1996 年 7—8 月洪水过程预警验证

日期	面雨量 /mm	日流量 / (m³ · s⁻¹)	模型预警	验证预警
1996/7/26	0.0	7.7	无	正确
1996/7/27	1.9	6.8	无	正确
1996/7/28	12.1	7.0	无	正确
1996/7/29	2.2	7.0	无	正确
1996/7/30	4.1	6.8	无	正确
1996/7/31	37.1	13.7	四级预警	提前 6 d
1996/8/1	4.4	22.0	无	正确
1996/8/2	5.1	17.9	无	正确
1996/8/3	13.1	15.7	无	正确
1996/8/4	17.3	19.3	无	正确
1996/8/5	113.9	62.9	一级预警	提前 1 d, 高估预警
1996/8/6	0.8	99.8		
1996/8/7	0.0	86.1		

　　表 6-56 为漕河 1963 年 8 月洪水过程的预警验证结果。总体来看，基于统计模型的影响预警阈值对漕河 1963 年 8 月洪水过程的预警验证结果较好，未有漏警情况出现。从 1963 年 8 月 1 日有观测降雨开始至 1963 年 8 月 3 日期间，观测面雨量阈值均未超过预警阈值，模型未发出预警，实际的河流流量也未达到致灾流量，预警正确。1963 年 8 月 4 日前 1 d 面雨量大于 10 mm，当日面雨量达到 31.4 mm，超过四级预警面雨量阈值（19 mm），小于三级预警面雨量阈值（30 mm），发出四级预警，实际观测的河流流量于 1996 年 8 月 6 日超过四级预警对应的致灾流量，提前发布预警。1963 年 8 月 5 日前 1 d 面雨量大于 10 mm，当日面雨量达到 91.3 mm，超过二级预警面雨量阈值（62 mm），小于一级预警面雨量阈值（97 mm），发出二级预警，实际观测的河流流量于 1996 年 8 月 7 日超过二级预警对应的致灾流量，提前发布预警且预警等级正确。8 月 6 日前 1 d 面雨量大于 10 mm，当日面雨量达到 140.6 mm，面雨量高于一级预警面雨量阈值（97 mm），实际观测的河流流量于 1963 年 8 月 8 日也达到了一级预警对应的致灾流量，提前发布预警且预警等级正确。

表 6-56 漕河 1963 年 8 月洪水过程预警验证

日期	面雨量 /mm	日流量 / (m³ · s⁻¹)	模型预警	验证预警
1963/8/1	0.0	2.1	无	正确
1963/8/2	0.5	2.0	无	正确
1963/8/3	11.9	2.0	无	正确

日期	面雨量 /mm	日流量 / (m³·s⁻¹)	模型预警	验证预警
1963/8/4	31.4	3.3	四级预警	提前 2 d
1963/8/5	91.3	37.4	二级预警	提前 2 d
1963/8/6	140.6	120.7	一级预警	提前 2 d
1963/8/7	114.4	218.1	一级预警	提前 1 d
1963/8/8	85.6	288.8		
1963/8/9	51.5	313.4		
1963/8/10	0.0	292.0		
1963/8/11	0.0	248.1		
1963/8/12	0.0	208.0		
1963/8/13	0.0	173.7		

（6）瀑河

表 6-57 为瀑河 2017 年 7—8 月的预警验证结果。总体来看，2017 年 7—8 月雨季期间，基于统计模型的影响预警阈值预警结果不存在漏警情况，效果较好。具体来看，2017 年 7 月 6 日、2017 年 8 月 22 日瀑河的智能网格实况面雨量分别为 50.4 mm、66.1 mm，达到了统计模型的三级预警阈值，实际河流有少量产流但未达到致灾阈值，整体预警结果未发生漏警情况，其余时间均未达到预警阈值且实际也没有明显产流，均预警正确。

表 6-57   瀑河 2017 年 7—8 月预警验证

日期	智能网格实况面雨量 /mm	日流量 / (m³·s⁻¹)	模型预警	验证预警
2017/7/5	0.0	1.6	无	正确
2017/7/6	50.4	9.0	三级预警	高估预警
2017/7/7	0.1	18.0	无	正确
2017/8/21	0.0	3.1	无	正确
2017/8/22	66.1	3.1	三级预警	高估预警
2017/8/23	0.0	5.2	无	正确

表 6-58 为瀑河 2016 年 7 月洪水过程的预警验证结果。总体来看，基于统计模型的影响预警阈值对瀑河 2016 年 7 月洪水过程的预警验证结果很好，未有漏警情况出现。2016 年 7 月 18 日观测面雨量阈值未超过预警阈值，模型未发出预警，实际的河流流量也未达到致灾流量，预警正确。2016 年 7 月 19 日前 1 d 面雨量小于 10 mm，当日面雨量达到 30.5 mm，超过四级预警面雨量阈值（27 mm）且未达到三级预警面雨量阈值（44 mm），发出四级预警，实际观测的河流流量于 2016 年 7 月 21 日达到四级预警对应

的致灾流量，提前 2 d 发布预警且预警等级正确。2016 年 7 月 20 日前 1 d 面雨量大于 10 mm，当日面雨量达到 125.2 mm，超过一级预警面雨量阈值（118 mm），预警等级高估，整体来看预警验证效果相对较好，未有漏警情况出现。

表 6-58 瀑河 2016 年 7 月洪水过程预警验证

日期	面雨量 /mm	日流量 /（m³·s⁻¹）	模型预警	验证预警
2016/7/18	0.1	1.4	无	正确
2016/7/19	30.5	2.6	四级预警	提前 2 d
2016/7/20	125.2	68.2	一级预警	提前 1 d，高估预警
2016/7/21	5.9	142.9		
2016/7/22	0.0	134.6		
2016/7/23	0.2	107.0		
2016/7/24	2.2	84.0		
2016/7/25	35.7	89.4		
2016/7/26	0.0	99.5		

表 6-59 为瀑河 1996 年 7—8 月洪水过程的预警验证结果。总体来看，基于统计模型的影响预警阈值对瀑河 1996 年 7—8 月洪水过程的预警验证结果较好，未有漏警情况出现。从 1996 年 7 月 26 日有观测降雨开始至 1996 年 8 月 3 日期间，观测面雨量阈值均未超过预警阈值，模型未发出预警，实际的河流流量也未达到致灾流量，预警正确。1996 年 8 月 4 日前 1 d 面雨量大于 10 mm，当日面雨量达到 33.4 mm，超过四级预警面雨量阈值（17 mm），小于三级预警面雨量阈值（35 mm），发出四级预警，实际观测的河流流量于 1996 年 8 月 5 日也超过四级预警对应的致灾流量，提前发布预警且预警等级正确。1996 年 8 月 5 日前 1 d 面雨量大于 10 mm，当日面雨量达到 81.9 mm，超过二级预警面雨量阈值（73 mm），小于一级预警面雨量阈值（118 mm），发出二级预警，实际观测的河流流量于 1996 年 8 月 6 日达到三级预警对应的致灾流量，提前发布预警，预警等级稍高。

表 6-59 瀑河 1996 年 7—8 月洪水过程预警验证

日期	面雨量 /mm	日流量 /（m³·s⁻¹）	模型预警	验证预警
1996/7/26	0.0	14.7	无	正确
1996/7/27	1.6	13.3	无	正确
1996/7/28	10.1	13.8	无	正确
1996/7/29	5.1	14.7	无	正确
1996/7/30	8.4	15.1	无	正确
1996/7/31	33.4	24.4	无	正确
1996/8/1	7.9	37.4	无	正确

日期	面雨量 /mm	日流量 / (m³ · s⁻¹)	模型预警	验证预警
1996/8/2	2.2	35.2	无	正确
1996/8/3	11.4	32.1	无	正确
1996/8/4	33.9	47.4	四级预警	正确
1996/8/5	81.9	119.3	二级预警	高估预警
1996/8/6	0.3	174.8		
1996/8/7	0.1	157.6		

表 6-60 为瀑河 1963 年 8 月洪水过程的预警验证结果。总体来看，基于统计模型的影响预警阈值对瀑河 1963 年 8 月洪水过程的预警验证结果较好，未有漏警情况出现。从 1963 年 8 月 1 日有观测降雨开始至 1963 年 8 月 3 日期间，观测面雨量阈值均未超过预警阈值，模型未发出预警，实际的河流流量也未达到致灾流量，预警正确。1963 年 8 月 4 日前 1 d 面雨量大于 10 mm，当日面雨量达到 26.3 mm，超过四级预警面雨量阈值（17 mm），小于三级预警面雨量阈值（32 mm），发出四级预警，实际观测的河流流量于 1996 年 8 月 6 日超过四级预警对应的致灾流量，提前发布预警。1963 年 8 月 5 日和 8 月 6 日前 1 d 面雨量大于 10 mm，当日面雨量分别达到 87.9 mm 和 112.4 mm，超过二级预警面雨量阈值（73 mm），小于一级预警面雨量阈值（118 mm），发出二级预警，实际观测的河流流量于 1996 年 8 月 7 日超过二级预警对应的致灾流量，提前发布预警且预警等级正确。8 月 7 日前 1 d 面雨量大于 10 mm，当日面雨量达到 157.4 mm，面雨量高于一级预警面雨量阈值，实际观测的河流流量于 1963 年 8 月 8 日也达到了一级预警对应的致灾流量，提前发布预警且预警等级正确。

表 6-60   瀑河 1963 年 8 月洪水过程预警验证

日期	面雨量 /mm	日流量 / (m³ · s⁻¹)	模型预警	验证预警
1963/8/1	0.0	4.0	无	正确
1963/8/2	0.5	3.9	无	正确
1963/8/3	14	4.4	无	正确
1963/8/4	26.3	11.0	四级预警	提前 2 d
1963/8/5	87.9	72.2	二级预警	提前 2 d
1963/8/6	112.4	208.6	二级预警	提前 2 d
1963/8/7	157.4	385.2	一级预警	提前 1 d
1963/8/8	123.1	552.5	一级预警	正确
1963/8/9	26.7	622.1		
1963/8/10	0.1	578.9		
1963/8/11	0.0	495.6		

日期	面雨量 /mm	日流量 / (m³·s⁻¹)	模型预警	验证预警
1963/8/12	0.0	417.7		
1963/8/13	0.0	350.9		
1963/8/14	0.0	293.5		

（7）清水河

表 6-61 为清水河 2017 年 7—8 月的预警验证结果。总体来看，2017 年 7—8 月雨季期间，基于统计模型的影响预警阈值预警结果不存在漏警情况，效果较好。具体来看，2017 年 7 月 6 日清水河的智能网格实况面雨量为 53.1 mm，达到了统计模型的三级预警阈值，实际河流有少量产流但未达到致灾阈值，整体预警结果未发生漏警情况，其余时间均未达到预警阈值且实际也没有明显产流，均预警正确。

表 6-61　清水河北辛店站 2017 年 7—8 月预警验证

日期	面雨量 /mm	日流量 / (m³·s⁻¹)	模型预警	验证预警
2017/7/5	0.0	1.0	无	正确
2017/7/6	53.1	59.4	三级预警	高估预警
2017/7/7	0.0	49.0	无	正确

表 6-62 为清水河 2016 年 7 月洪水过程的预警验证结果。总体来看，基于统计模型的影响预警阈值对清水河 2016 年 7 月洪水过程的预警验证结果很好，未有漏警情况出现。2016 年 7 月 16 日至 2016 年 7 月 18 日观测面雨量阈值未超过预警阈值，模型未发出预警，实际的河流流量也未达到致灾流量，预警正确。2016 年 7 月 19 日前 1 d 面雨量小于 10 mm，当日面雨量达到 32.1 mm，超过四级预警面雨量阈值（30 mm）且未达到三级预警面雨量阈值（53 mm），发出四级预警，实际观测的河流流量于 2016 年 7 月 21 日超过四级预警对应的致灾流量，提前 2 d 发布预警且预警等级正确。2016 年 7 月 20 日前 1 d 面雨量大于 10 mm，当日面雨量达到 116.6 mm，超过一级预警面雨量阈值（104 mm），预警等级高估，整体来看预警验证效果相对较好，未有漏警情况出现。

表 6-62　清水河北辛店站 2016 年 7 月洪水过程预警验证

日期	面雨量 /mm	日流量 / (m³·s⁻¹)	模型预警	验证预警
2016/7/16	0.1	0.9	无	正确
2016/7/17	0.2	0.9	无	正确
2016/7/18	0.1	0.9	无	正确
2016/7/19	32.1	4.5	四级预警	提前 1 d
2016/7/20	116.6	197.2	一级预警	高估预警

日期	面雨量 /mm	日流量/（m³·s⁻¹）	模型预警	验证预警
2016/7/21	7.0	266.7		
2016/7/22	0.0	81.1		

表 6-63 为清水河 1996 年 7—8 月洪水过程的预警验证结果。总体来看，基于统计模型的影响预警阈值对清水河 1996 年 7—8 月洪水过程的预警验证结果较好，未有漏警情况出现。从 1996 年 7 月 26 日有观测降雨开始至 1996 年 8 月 3 日期间，观测面雨量阈值均未超过预警阈值，模型未发出预警，实际的河流流量也未达到致灾流量，预警正确。1996 年 8 月 4 日前 1 d 面雨量大于 10 mm，当日面雨量达到 27.7 mm，超过四级预警面雨量阈值（22 mm），小于三级预警面雨量阈值（38 mm），发出四级预警，实际观测的河流流量于 1996 年 8 月 5 日也超过四级预警对应的致灾流量，提前发布预警且预警等级正确。1996 年 8 月 5 日前 1 d 面雨量大于 10 mm，当日面雨量达到 98.0 mm，超过二级预警面雨量阈值（68 mm），小于一级预警面雨量阈值（104 mm），发出二级预警，提前发布预警，预警等级稍高。

表 6-63　清水河北辛店站 1996 年 7—8 月洪水过程预警验证

日期	面雨量 /mm	日流量/（m³·s⁻¹）	模型预警	验证预警
1996/7/26	0.0	5.5	无	正确
1996/7/27	1.8	5.4	无	正确
1996/7/28	11.3	5.6	无	正确
1996/7/29	2.4	5.6	无	正确
1996/7/30	6.0	5.6	无	正确
1996/7/31	22.8	8.6	无	正确
1996/8/1	5.0	6.8	无	正确
1996/8/2	5.2	6.4	无	正确
1996/8/3	10.2	6.6	无	正确
1996/8/4	27.7	14.3	四级预警	提前 1 d
1996/8/5	98.0	192.1	二级预警	高估预警
1996/8/6	0.5	241.1		
1996/8/7	0.0	62.1		

表 6-64 为清水河 1963 年 8 月洪水过程的预警验证结果。总体来看，基于统计模型的影响预警阈值对清水河 1963 年 8 月洪水过程的预警验证结果较好，未有漏警情况出现。从 1963 年 8 月 1 日有观测降雨开始至 1963 年 8 月 3 日期间，观测面雨量阈值均未超过预警阈值，模型未发出预警，实际的河流流量也未达到致灾流量，预警正确。1963

年 8 月 4 日前 1 d 面雨量大于 10 mm，当日面雨量达到 33.8 mm，超过四级预警面雨量阈值（22 mm），小于三级预警面雨量阈值（38 mm），发出四级预警，实际观测的河流流量于 1996 年 8 月 5 日超过四级预警对应的致灾流量，提前发布预警。1963 年 8 月 5 日和 8 月 6 日前 1 d 面雨量大于 10 mm，当日面雨量分别达到 104.3 mm 和 138.8 mm，超过一级预警面雨量阈值，发出一级预警，实际观测的河流流量于 1996 年 8 月 7 日超过一级预警对应的致灾流量，提前发布预警且预警等级正确。

表 6-64　清水河北辛店站 1963 年 8 月洪水过程预警验证

日期	面雨量 /mm	日流量 / (m³ · s⁻¹)	模型预警	验证预警
1963/8/1	0.0	2.9	无	正确
1963/8/2	2.0	2.9	无	正确
1963/8/3	14.5	3.1	无	正确
1963/8/4	33.8	16.2	四级预警	提前 1 d
1963/8/5	104.3	222.4	一级预警	提前 2 d
1963/8/6	138.8	570.2	一级预警	提前 1 d
1963/8/7	171.0	912.3	一级预警	正确
1963/8/8	111.5	1053.4	一级预警	正确
1963/8/9	37.2	820.4		
1963/8/10	0.1	420.9		
1963/8/11	0.0	124.6		
1963/8/12	0.0	21.2		
1963/8/13	0.0	11.1		

（8）府河

表 6-65 为府河 2017 年 7—8 月的预警验证结果。总体来看，2017 年 7—8 月雨季期间，基于统计模型的影响预警阈值预警结果不存在漏警情况，效果较好。具体来看，2017 年 7 月 6 日、2017 年 7 月 20 日、2017 年 8 月 22 日府河的智能网格实况面雨量分别为 48.7 mm、34.5 mm、53.9 mm，达到了统计模型的三级和四级预警阈值，实际河流未有明显产流，整体预警结果未发生漏警情况，其余时间均未达到预警阈值且实际也没有明显产流，均预警正确。

表 6-65　府河 2017 年 7—8 月预警验证

日期	面雨量 /mm	日流量 / (m³ · s⁻¹)	模型预警	验证预警
2017/7/5	0.2	0.6	无	正确
2017/7/6	48.7	3.1	三级预警	高估预警

日期	面雨量 /mm	日流量 / (m³·s⁻¹)	模型预警	验证预警
2017/7/7	0.3	6.2	无	正确
2017/7/19	0.0	2.3	无	正确
2017/7/20	34.5	2.3	四级预警	高估预警
2017/7/21	5.1	2.2	无	正确
2017/8/21	0.0	1.3	无	正确
2017/8/22	53.9	1.2	三级预警	高估预警
2017/8/23	0.0	1.8	无	正确

表 6-66 为府河 2016 年 7 月洪水过程的预警验证结果。总体来看，基于统计模型的影响预警阈值对府河 2016 年 7 月洪水过程的预警验证结果很好，未有漏警情况出现。2016 年 7 月 16—19 日观测面雨量阈值未超过预警阈值，模型未发出预警，实际的河流流量也未达到致灾流量，预警正确。2016 年 7 月 20 日前 1 d 面雨量大于 10 mm，当日面雨量达到 161.0 mm，超过一级预警面雨量阈值，发出一级预警，实际观测的河流流量于 2016 年 7 月 21 日超过四级预警对应的致灾流量，提前 1 d 发布预警，预警等级高估。

表 6-66　府河 2016 年 7 月洪水过程预警验证

日期	面雨量 /mm	日流量 / (m³·s⁻¹)	模型预警	验证预警
2016/7/16	0.0	0.1	无	正确
2016/7/17	0.0	0.1	无	正确
2016/7/18	0.1	0.1	无	正确
2016/7/19	10.1	0.1	无	正确
2016/7/20	161.0	40.1	一级预警	提前 1 d，高估预警
2016/7/21	6.0	81.9	无	高估预警
2016/7/22	0.0	71.3		

表 6-67 为府河 1996 年 8 月洪水过程的预警验证结果。总体来看，基于统计模型的影响预警阈值对府河 1996 年 8 月洪水过程的预警验证结果很好，未有漏警情况出现。从 1996 年 7 月 26 日有观测降雨开始至 1996 年 7 月 30 日期间，观测面雨量阈值均未超过预警阈值，模型未发出预警，实际的河流流量也未达到致灾流量，预警正确。1996 年 7 月 31 日前 1 d 面雨量小于 10 mm，当日面雨量达到 37.1 mm，超过四级预警面雨量阈值（29 mm），小于三级预警面雨量阈值（41 mm），发出四级预警。1996 年 8 月 1 日从有观测降雨开始至 1996 年 8 月 4 日期间，观测面雨量阈值均未超过预警阈值，模型未发出预警，实际的河流流量也未达到致灾流量，预警正确。1996 年 8 月 5 日前 1 d

面雨量大于 10 mm，当日面雨量达到 113.9 mm，超过一级预警面雨量阈值（97 mm），发出一级预警，实际观测的河流流量于 1996 年 8 月 6 日达到三级预警对应的致灾流量，提前发布了预警，预警等级稍高。

表 6-67　府河 1996 年 7—8 月洪水过程预警验证

日期	面雨量 /mm	日流量 /（m³·s⁻¹）	模型预警	验证预警
1996/7/26	0.0	7.7	无	正确
1996/7/27	1.9	6.8	无	正确
1996/7/28	12.1	7.0	无	正确
1996/7/29	2.2	7.0	无	正确
1996/7/30	4.1	6.8	无	正确
1996/7/31	37.1	13.7	三级预警	提前 6 d
1996/8/1	4.4	22.0	无	正确
1996/8/2	5.1	17.9	无	正确
1996/8/3	13.1	15.7	无	正确
1996/8/4	17.3	19.3	无	正确
1996/8/5	113.9	62.9	一级预警	提前 1 d，高估预警
1996/8/6	0.8	99.8		
1996/8/7	0.0	86.1		

表 6-68 为府河 1963 年 8 月洪水过程的预警验证结果。总体来看，基于统计模型的影响预警阈值对府河 1963 年 8 月洪水过程的预警验证结果较好，未有漏警情况出现。从 1963 年 8 月 1 日有观测降雨开始至 1963 年 8 月 3 日期间，观测面雨量阈值均未超过预警阈值，模型未发出预警，实际的河流流量也未达到致灾流量，预警正确。1963 年 8 月 4 日前 1 d 面雨量大于 10 mm，当日面雨量达到 31.4 mm，超过四级预警面雨量阈值（19 mm），小于三级预警面雨量阈值（32 mm），发出四级预警，实际观测的河流流量于 1996 年 8 月 6 日超过四级预警对应的致灾流量，提前发布预警。1963 年 8 月 5 日前 1 d 面雨量大于 10 mm，当日面雨量达到 91.3 mm，超过二级预警面雨量阈值（62 mm），小于一级预警面雨量阈值（97 mm），发出二级预警，实际观测的河流流量于 1996 年 8 月 7 日超过二级预警对应的致灾流量，提前发布预警且预警等级正确。8 月 6 日前 1 d 面雨量大于 10 mm，当日面雨量达到 140.6 mm，面雨量高于一级预警面雨量阈值，实际观测的河流流量于 1963 年 8 月 8 日也达到了一级预警对应的致灾流量，提前发布预警且预警等级正确。

表 6-68　府河 1963 年 8 月洪水过程预警验证

日期	面雨量 /mm	日流量/（m³·s⁻¹）	模型预警	验证预警
1963/8/1	0.0	2.1	无	正确
1963/8/2	0.5	2.0	无	正确
1963/8/3	11.9	2.0	无	正确
1963/8/4	31.4	3.3	四级预警	提前 2 d
1963/8/5	91.3	37.4	二级预警	提前 3 d
1963/8/6	140.6	120.7	一级预警	提前 2 d
1963/8/7	114.4	218.1	一级预警	提前 1 d
1963/8/8	85.6	288.8		
1963/8/9	51.5	313.4		
1963/8/10	0.0	292.0		
1963/8/11	0.0	248.1		
1963/8/12	0.0	208.0		
1963/8/13	0.0	173.7		

（9）萍河

表 6-69 为萍河 2017 年 7—8 月的预警验证结果。总体来看，2017 年 7—8 月雨季期间，基于统计模型的影响预警阈值预警结果不存在漏警情况，效果较好。具体来看，2017 年 7 月 6 日、2017 年 8 月 22 日萍河的智能网格实况面雨量分别为 50.4 mm、66.1 mm，达到了统计模型的三级预警阈值，实际河流未有明显产流，整体预警结果未发生漏警情况，其余时间均未达到预警阈值且实际也没有明显产流，均预警正确。

表 6-69　萍河 2017 年 7—8 月预警验证

日期	面雨量 /mm	日流量/（m³·s⁻¹）	模型预警	验证预警
2017/7/5	0.0	1.6	无	正确
2017/7/6	50.4	9.0	三级预警	高估预警
2017/7/7	0.1	18.0	无	正确
2017/8/21	0.0	3.1	无	正确
2017/8/22	66.1	3.1	三级预警	高估预警
2017/8/23	0.0	5.2	无	正确

表 6-70 为萍河 2016 年 7 月洪水过程的预警验证结果。总体来看，基于统计模型的影响预警阈值对萍河 2016 年 7 月洪水过程的预警验证结果很好，未有漏警情况出现。2016 年 7 月 18 日观测面雨量阈值未超过预警阈值，模型未发出预警，实际的河流流量也未达到致灾流量，预警正确。2016 年 7 月 19 日前 1 d 面雨量小于 10 mm，当日面

雨量达到 30.5 mm，超过四级预警面雨量阈值（27 mm）且未达到三级预警面雨量阈值（41 mm），发出四级预警，实际观测的河流流量于 2016 年 7 月 21 日超过四级预警对应的致灾流量，提前 1 d 发布预警且预警等级正确。2016 年 7 月 20 前 1 d 面雨量大于 10 mm，当日面雨量达到 125.2 mm，超过一级预警面雨量阈值（118 mm），预警正确。

表 6-70　萍河 2016 年 7 月洪水过程预警验证

日期	面雨量 /mm	日流量 / (m³·s⁻¹)	模型预警	验证预警
2016/7/18	0.1	1.4	无	正确
2016/7/19	30.5	2.6	四级预警	提前 2 d
2016/7/20	125.2	68.2	一级预警	提前 1 d，正确
2016/7/21	5.9	142.9		
2016/7/22	0.0	134.6		
2016/7/23	0.2	107.0		
2016/7/24	2.2	84.0		
2016/7/25	35.7	89.4		
2016/7/26	0.0	99.5		

表 6-71 为萍河 1996 年 8 月洪水过程的预警验证结果。总体来看，基于统计模型的影响预警阈值对萍河 1996 年 8 月洪水过程的预警验证结果较好，未有漏警情况出现。从 1996 年 7 月 26 日有观测降雨开始至 1996 年 8 月 3 日期间，观测面雨量阈值均未超过预警阈值，模型未发出预警，实际的河流流量也未达到致灾流量，预警正确。1996年 8 月 4 日前 1 d 面雨量大于 10 mm，当日面雨量达到 33.4 mm，超过四级预警面雨量阈值（17 mm），小于三级预警面雨量阈值（35 mm），发出四级预警，实际观测的河流流量于 1996 年 8 月 5 日也超过四级预警对应的致灾流量，提前发布预警且预警等级正确。1996 年 8 月 5 日前 1 d 面雨量大于 10 mm，当日面雨量达到 81.9 mm，超过二级预警面雨量阈值（73 mm），小于一级预警面雨量阈值（118 mm），发出二级预警，实际观测的河流流量于 1996 年 8 月 6 日达到三级预警对应的致灾流量，提前发布预警，预警等级稍高。

表 6-71　萍河 1996 年 8 月洪水过程预警验证

日期	面雨量 /mm	日流量 / (m³·s⁻¹)	模型预警	验证预警
1996/7/26	0.0	14.7	无	正确
1996/7/27	1.6	13.3	无	正确
1996/7/28	10.1	13.8	无	正确
1996/7/29	5.1	14.7	无	正确
1996/7/30	8.4	15.1	无	正确

续表

日期	面雨量/mm	日流量/(m³·s⁻¹)	模型预警	验证预警
1996/7/31	33.4	24.4	无	正确
1996/8/1	7.9	37.4	无	正确
1996/8/2	2.2	35.2	无	正确
1996/8/3	11.4	32.1	无	正确
1996/8/4	33.9	47.4	无	正确
1996/8/5	81.9	119.3	四级预警	正确
1996/8/6	0.3	174.8	二级预警	高估预警
1996/8/7	0.1	157.6		

表 6-72 为萍河 1963 年 8 月洪水过程的预警验证结果。总体来看，基于统计模型的影响预警阈值对萍河 1963 年 8 月洪水过程的预警验证结果较好，未有漏警情况出现。从 1963 年 8 月 1 日有观测降雨开始至 1963 年 8 月 3 日期间，观测面雨量阈值均未超过预警阈值，模型未发出预警，实际的河流流量也未达到致灾流量，预警正确。1963 年 8 月 4 日前 1 d 面雨量大于 10 mm，当日面雨量达到 26.3 mm，超过四级预警面雨量阈值（17 mm），小于三级预警面雨量阈值（35 mm），发出四级预警，实际观测的河流流量于 1996 年 8 月 6 日超过四级预警对应的致灾流量，提前发布预警。1963 年 8 月 5 日和 8 月 6 日前 1 d 面雨量大于 10 mm，当日面雨量分别达到 87.9 mm 和 112.4 mm，超过二级预警面雨量阈值（73 mm），小于一级预警面雨量阈值（118 mm），发出二级预警，实际观测的河流流量于 1996 年 8 月 7 日超过二级预警对应的致灾流量，提前发布预警且预警等级正确。8 月 7 日前 1 d 面雨量大于 10 mm，当日面雨量达到 157.4 mm，面雨量高于一级预警面雨量阈值（118 mm），实际观测的河流流量于 1963 年 8 月 8 日也达到了一级预警对应的致灾流量，提前发布预警且预警等级正确。

表 6-72 萍河 1963 年 8 月洪水过程预警验证

日期	面雨量/mm	日流量/(m³·s⁻¹)	模型预警	验证预警
1963/8/1	0.0	4.0	无	正确
1963/8/2	0.5	3.9	无	正确
1963/8/3	14.0	4.4	无	正确
1963/8/4	26.3	11.0	四级预警	提前 2 d
1963/8/5	87.9	72.2	二级预警	提前 2 d
1963/8/6	112.4	208.6	二级预警	提前 2 d
1963/8/7	157.4	385.2	一级预警	提前 1 d
1963/8/8	123.1	552.5	一级预警	正确
1963/8/9	26.7	622.1		

续表

日期	面雨量 /mm	日流量 / (m³·s⁻¹)	模型预警	验证预警
1963/8/10	0.1	578.9		
1963/8/11	0.0	495.6		
1963/8/12	0.0	417.7		
1963/8/13	0.0	350.9		
1963/8/14	0.0	293.5		

（10）孝义河

表 6-73 为孝义河 2017 年 7—8 月的预警验证结果。总体来看，2017 年 7—8 月雨季期间，基于统计模型的影响预警阈值预警结果不存在漏警情况，效果较好。具体来看，2017 年 7 月 6 日孝义河的智能网格实况面雨量为 53.1 mm，达到了统计模型的三级预警阈值，实际河流有少量产流但未达到致灾流量阈值，整体预警结果未发生漏警情况，其余时间均未达到预警阈值且实际也没有明显产流，也都预警正确。

表 6-73　孝义河 2017 年 7—8 月预警验证

日期	面雨量 /mm	日流量 / (m³·s⁻¹)	模型预警	验证预警
2017/7/5	0.0	1.0	无	正确
2017/7/6	53.1	59.4	三级预警	高估预警
2017/7/7	0.0	49.0	无	正确

表 6-74 为孝义河 2016 年 7 月洪水过程的预警验证结果。总体来看，基于统计模型的影响预警阈值对孝义河 2016 年 7 月洪水过程的预警验证结果很好，未有漏警情况出现。2016 年 7 月 16—18 日观测面雨量阈值未超过预警阈值，模型未发出预警，实际的河流流量也未达到致灾流量，预警正确。2016 年 7 月 19 日前 1 d 面雨量小于 10 mm，当日面雨量达到 32.1 mm，超过四级预警面雨量阈值（30 mm）且未达到三级预警面雨量阈值（53 mm），发出四级预警，实际观测的河流流量于 2016 年 7 月 21 日超过四级预警对应的致灾流量，提前 2 d 发布预警且预警等级正确。2016 年 7 月 20 日前 1 d 面雨量大于 10 mm，当日面雨量达到 116.6 mm，超过一级预警面雨量阈值（104 mm），预警等级正确，整体来看预警验证效果相对较好，未有漏警情况出现。

表 6-74　孝义河 2016 年 7 月洪水过程预警验证

日期	面雨量 /mm	日流量 / (m³·s⁻¹)	模型预警	验证预警
2016/7/16	0.1	0.9	无	正确
2016/7/17	0.2	0.9	无	正确
2016/7/18	0.1	0.9	无	正确

续表

日期	面雨量/mm	日流量/（m³·s⁻¹）	模型预警	验证预警
2016/7/19	32.1	4.5	四级预警	提前1 d
2016/7/20	116.6	197.2	一级预警	正确
2016/7/21	7.0	266.7		
2016/7/22	0.0	81.1		

表 6-75 为孝义河 1996 年 7—8 月洪水过程的预警验证结果。总体来看，基于统计模型的影响预警阈值对孝义河 1996 年 7—8 月洪水过程的预警验证结果较好，未有漏警情况出现。从 1996 年 7 月 26 日有观测降雨开始至 1996 年 8 月 3 日期间，观测面雨量阈值均未超过预警阈值，模型未发出预警，实际的河流流量也未达到致灾流量，预警正确。1996 年 8 月 4 日前 1 d 面雨量大于 10 mm，当日面雨量达到 27.7 mm，超过四级预警面雨量阈值（22 mm），小于三级预警面雨量阈值（38 mm），发出四级预警，实际观测的河流流量于 1996 年 8 月 5 日也超过四级预警对应的致灾流量，提前发布预警且预警等级正确。1996 年 8 月 5 日前 1 d 面雨量大于 10 mm，当日面雨量达到 98.0 mm，超过二级预警面雨量阈值（68 mm），小于一级预警面雨量阈值（104 mm），发出二级预警，提前发布预警，预警等级正确。

表 6-75   孝义河 1996 年 7—8 月洪水过程预警验证

日期	面雨量/mm	日流量/（m³·s⁻¹）	模型预警	验证预警
1996/7/26	0.0	5.5	无	正确
1996/7/27	1.8	5.4	无	正确
1996/7/28	11.3	5.6	无	正确
1996/7/29	2.4	5.6	无	正确
1996/7/30	6.0	5.6	无	正确
1996/7/31	22.8	8.6	无	正确
1996/8/1	5.0	6.8	无	正确
1996/8/2	5.2	6.4	无	正确
1996/8/3	10.2	6.6	无	正确
1996/8/4	27.7	14.3	四级预警	提前1 d
1996/8/5	98.0	192.1	二级预警	正确
1996/8/6	0.5	241.1		
1996/8/7	0.0	62.1		

表 6-76 为孝义河 1963 年 8 月洪水过程的预警验证结果。总体来看，基于统计模型的影响预警阈值对孝义河 1963 年 8 月洪水过程的预警验证结果较好，未有漏警情况出

现。从 1963 年 8 月 1 日有观测降雨开始至 1963 年 8 月 3 日期间，观测面雨量阈值均未超过预警阈值，模型未发出预警，实际的河流流量也未达到致灾流量，预警正确。1963 年 8 月 4 日前 1 d 面雨量大于 10 mm，当日面雨量达到 33.8 mm，超过四级预警面雨量阈值（22 mm），小于三级预警面雨量阈值（38 mm），发出四级预警，实际观测的河流流量于 1996 年 8 月 5 日超过四级预警对应的致灾流量，提前发布预警。1963 年 8 月 5 日和 8 月 6 日前 1 d 面雨量大于 10 mm，当日面雨量分别达到 104.3 mm 和 138.8 mm，超过一级预警面雨量阈值（104 mm），发出一级预警，实际观测的河流流量于 1996 年 8 月 7 日超过一级预警对应的致灾流量，提前发布预警且预警等级正确。

表 6-76　孝义河 1963 年 8 月洪水过程预警验证

日期	面雨量 /mm	日流量 /（m³·s⁻¹）	模型预警	验证预警
1963/8/1	0.0	2.9	无	正确
1963/8/2	2.0	2.9	无	正确
1963/8/3	14.5	3.1	无	正确
1963/8/4	33.8	16.2	四级预警	提前 1 d
1963/8/5	104.3	222.4	一级预警	提前 2 d
1963/8/6	138.8	570.2	一级预警	提前 1 d
1963/8/7	171.0	912.3	一级预警	正确
1963/8/8	111.5	1053.4	一级预警	正确
1963/8/9	37.2	820.4		
1963/8/10	0.1	420.9		
1963/8/11	0.0	124.6		
1963/8/12	0.0	21.2		
1963/8/13	0.0	11.1		

6.4.2　基于综合方法的影响预警阈值验证

各流域基于机器学习和统计方法综合确定的洪水分级预警面雨量阈值的验证结果汇总见表 6-77。由表中数据可知，基于机器学习和统计方法综合确定的洪水分级预警面雨量阈值总体预警验证效果较好，所有流域对"63·8"洪水过程均 100% 正确预警；除唐河流域外，其他流域均能对"96·8"洪水过程 100% 正确预警；对"16·7"洪水过程预警正确率整体较好，但在漕河、瀑河、府河和萍河各存在 1 次低估预警。

表 6-77   各流域历史洪水过程分级预警验证结果

流域（水文站）	正确率（正确预警次数 / 总预警次数）		
	"63·8" 洪水	"96·8" 洪水	"16·7" 洪水
潴龙河（北郭村）	100%（4/4）	100%（2/2）	100%（0/0）
南拒马河（北河店）	100%（4/4）	100%（2/2）	100%（1/1）
白沟河（东茨村）	100%（3/3）	100%（2/2）	100%（3/3）
唐河（温仁）	100%（4/4）	0%（0/1）	100%（2/2）
漕河（漕河）	100%（4/4）	100%（2/2）	100%（1/1）
瀑河（徐水国平）	100%（4/4）	100%（2/2）	100%（1/1）
清水河（北辛店）	100%（4/4）	100%（2/2）	100%（2/2）
府河（东安）	100%（4/4）	100%（2/2）	100%（1/1）
萍河（下河西）	100%（4/4）	100%（2/2）	100%（1/1）
孝义河（东方机站）	100%（4/4）	100%（2/2）	100%（2/2）

（1）1963 年 8 月洪水过程案例验证

表 6-78～表 6-87 为雄安新区上游中小河流 "63·8" 历史洪水过程的预警验证结果。总的来看，基于综合模型构建的预警指标在各流域的回报效果都较好。从降水开始至流量达到最大值的过程中，潴龙河北郭村站、白沟河东茨村站、漕河站、瀑河徐水国平站、清水河北辛店站在 5 个流域水文站的洪水过程预警全部正确，在各站的洪水过程预警中超过 95% 的天数均正确预警。唐河温仁站有 1 次提前高估预警；南拒马河北河店站有 2 次提前高估预警。各站点的洪水验证过程如下：

表 6-78 为潴龙河北郭村站对 "63·8" 历史洪水过程预警的验证效果。1963 年 8 月 4 日，潴龙河流域面雨量为 51.2 mm，根据预警指标，当前 1 d 流量为 0 $m^3 \cdot s^{-1}$ 时，四级预警致灾面雨量为 99 mm，潴龙河流域 4 日面雨量低于预警阈值，因此，无须发布预警，实际观测日流量为 1.9 $m^3 \cdot s^{-1}$，未达到最低四级致灾流量，预警正确；8 月 5 日，潴龙河流域面雨量为 97 mm，低于四级预警面雨量阈值，无须发布预警，实际观测日流量为 85.9 $m^3 \cdot s^{-1}$，未达到四级致灾流量，预警正确；8 月 6 日，流域面雨量为 97.5 mm，前 1 d 流量为 85.9 $m^3 \cdot s^{-1}$，此时四级预警致灾面雨量为 66～81 mm，三级预警致灾面雨量为 117～132 mm，根据预警指标，此时应当发布四级预警，实际观测流量为 513 $m^3 \cdot s^{-1}$，达到四级致灾流量 372 $m^3 \cdot s^{-1}$，低于三级致灾流量 682 $m^3 \cdot s^{-1}$，预警正确。依次验证 8 月 7—9 日预警结果，预警模型都能正确给出相应的预警等级。

表 6-78　潴龙河综合模型预警验证（1963 年 8 月洪水过程）

日期	日降水 /mm	日流量 /（m³·s⁻¹）	综合模型预警	验证预警
1963/7/31	0.0	1.1	无	正确
1963/8/1	0.0	0.9	无	正确
1963/8/2	6.4	0.8	无	正确
1963/8/3	9.1	0.7	无	正确
1963/8/4	51.2	1.9	无	正确
1963/8/5	97.0	85.9	无	正确
1963/8/6	97.5	513.0	四级预警	正确
1963/8/7	160.6	2160.0	二级预警	正确
1963/8/8	56.5	4970.0	一级预警	正确
1963/8/9	19.6	5170.0	一级预警	正确
1963/8/10	1.4	4130.0		
1963/8/11	0.0	2670.0		
1963/8/12	0.0	1650.0		
1963/8/13	0.0	1190.0		

表 6-79 为南拒马河北河店站对 "63·8" 历史洪水过程预警的验证结果，从 8 月 1 日开始降水至 8 月 9 日达到观测流量最大值的 8 d 中，共发出 4 次预警，其中 2 次提前预警，2 次预警完全正确，预警正确率为 100%。

表 6-79　南拒马河综合模型预警验证（1963 年 8 月洪水过程）

日期	日降水 /mm	日流量 /（m³·s⁻¹）	综合模型预警	验证预警
1963/8/1	0.0	5.1	无	正确
1963/8/2	0.1	4.7	无	正确
1963/8/3	13.9	19.5	无	正确
1963/8/4	27.2	44.6	无	正确
1963/8/5	85.1	158	四级预警	提前 2 d，高估预警
1963/8/6	81	282	三级预警	提前 1 d，高估预警
1963/8/7	157.4	1100	三级预警	正确
1963/8/8	140	2600	二级预警	正确
1963/8/9	31.7	1390		
1963/8/10	0.1	718		
1963/8/11	0.0	500		
1963/8/12	0.0	386		
1963/8/13	0.0	324		

　　表 6-80 为白沟河东茨村站对"63·8"历史洪水过程预警的验证结果，从 8 月 1 日开始降水至 8 月 9 日达到观测流量最大值的过程中，基于综合模型的预警共 3 次，全部预警正确。

表 6-80　白沟河综合模型预警验证（1963 年 8 月洪水过程）

日期	日降水 /mm	日流量 /（m³·s⁻¹）	综合模型预警	验证预警
1963/8/1	0.0	16.8	无	正确
1963/8/2	0.1	16.6	无	正确
1963/8/3	12.0	21.7	无	正确
1963/8/4	10.6	43.4	无	正确
1963/8/5	14.7	96.1	无	正确
1963/8/6	33.6	269.4	无	正确
1963/8/7	88.8	720.9	三级预警	正确
1963/8/8	99.1	1487.5	三级预警	正确
1963/8/9	36.8	1951.8	二级预警	正确
1963/8/10	0.2	1729.5		
1963/8/11	0.0	1287.3		
1963/8/12	0.0	903.4		
1963/8/13	0.0	607.9		
1963/8/14	0.2	394.2		

　　表 6-81 为唐河温仁站对"63·8"历史洪水过程预警的验证效果，从 8 月 1 日开始降水至 8 月 9 日达到观测流量最大值的过程中，基于综合模型的预警共 4 次，3 次预警完全正确，1 次提前预警。

表 6-81　唐河综合模型预警验证（1963 年 8 月洪水过程）

日期	日降水 /mm	日流量 /（m³·s⁻¹）	综合模型预警	验证预警
1963/8/1	0.0	15.8	无	正确
1963/8/2	1.8	11.0	无	正确
1963/8/3	11.2	11.5	无	正确
1963/8/4	26.3	100.2	无	正确
1963/8/5	72.7	361.9	无	正确
1963/8/6	93.8	819.2	三级预警	正确
1963/8/7	156.7	1529.3	一级预警	提前 1 d，高估预警
1963/8/8	86.5	2232.5	一级预警	正确
1963/8/9	16.7	2477.0	一级预警	正确

日期	日降水 /mm	日流量 /（m³·s⁻¹）	综合模型预警	验证预警
1963/8/10	0.3	2236.8		
1963/8/11	0.0	1801.2		
1963/8/12	0.0	1396.2		
1963/8/13	0.0	1070.0		

表 6-82 为漕河流域漕河站对"63·8"历史洪水过程预警的验证效果，从 8 月 1 日开始降水至 8 月 9 日达到观测流量最大值的过程中，基于综合模型的预警共 4 次，全部预警正确。

表 6-82　漕河综合模型预警验证（1963 年 8 月洪水过程）

日期	日降水 /mm	日流量 /（m³·s⁻¹）	综合模型预警	验证预警
1963/8/1	0.0	2.1	无	正确
1963/8/2	0.5	2.0	无	正确
1963/8/3	11.9	2.0	无	正确
1963/8/4	31.4	3.3	无	正确
1963/8/5	91.3	37.4	无	正确
1963/8/6	140.6	120.7	三级预警	正确
1963/8/7	114.4	218.1	二级预警	正确
1963/8/8	85.6	288.8	一级预警	正确
1963/8/9	51.5	313.4	一级预警	正确
1963/8/10	0.0	292.0		
1963/8/11	0.0	248.1		
1963/8/12	0.0	208.0		
1963/8/13	0.0	173.7		

表 6-83 为瀑河徐水国平站对"63·8"历史洪水过程预警的验证效果，从 8 月 1 日开始降水至 8 月 9 日达到观测流量最大值的过程中，基于综合模型的预警共 4 次，全部预警正确。

表 6-83　瀑河综合模型预警验证（1963 年 8 月洪水过程）

日期	日降水 /mm	日流量 /（m³·s⁻¹）	综合模型预警	验证预警
1963/8/1	0.0	4.0	无	正确
1963/8/2	0.5	3.9	无	正确
1963/8/3	14.0	4.4	无	正确

日期	日降水 /mm	日流量 / (m³·s⁻¹)	综合模型预警	验证预警
1963/8/4	26.3	11.0	无	正确
1963/8/5	87.9	72.2	无	正确
1963/8/6	112.4	208.6	三级预警	正确
1963/8/7	157.4	385.2	二级预警	正确
1963/8/8	123.1	552.5	一级预警	正确
1963/8/9	26.7	622.1	一级预警	正确
1963/8/10	0.1	578.9		
1963/8/11	0.0	495.6		
1963/8/12	0.0	417.7		
1963/8/13	0.0	350.9		
1963/8/14	0.0	293.5		

表 6-84 为清水河北辛店站对"63·8"历史洪水过程预警的验证效果,从 8 月 1 日开始降水至 8 月 9 日达到观测流量最大值的过程中,基于综合模型的预警共 4 次,全部预警正确。

表 6-84 清水河综合模型预警验证(1963 年 8 月洪水过程)

日期	日降水 /mm	日流量 / (m³·s⁻¹)	综合模型预警	验证预警
1963/8/1	0.0	2.9	无	正确
1963/8/2	2.0	2.9	无	正确
1963/8/3	14.5	3.1	无	正确
1963/8/4	33.8	16.2	无	正确
1963/8/5	104.3	222.4	四级预警	正确
1963/8/6	138.8	570.2	三级预警	正确
1963/8/7	171.0	912.3	二级预警	正确
1963/8/8	111.5	1053.4	二级预警	正确
1963/8/9	37.2	820.4		
1963/8/10	0.1	420.9		
1963/8/11	0.0	124.6		
1963/8/12	0.0	21.2		
1963/8/13	0.0	11.1		

表 6-85 为府河流域对"63·8"历史洪水过程预警的验证效果,从 8 月 1 日开始降水至 8 月 9 日达到观测流量最大值的过程中,基于综合模型的预警共 4 次,全部预警

正确。

表 6-85　府河综合模型预警验证（1963 年 8 月洪水过程）

日期	日降水 /mm	日流量 / (m³·s⁻¹)	综合模型预警	验证预警
1963/8/1	0.0	2.1	无	正确
1963/8/2	0.5	2.0	无	正确
1963/8/3	11.9	2.0	无	正确
1963/8/4	31.4	3.3	无	正确
1963/8/5	91.3	37.4	无	正确
1963/8/6	140.6	120.7	三级预警	正确
1963/8/7	114.4	218.1	二级预警	正确
1963/8/8	85.6	288.8	一级预警	正确
1963/8/9	51.5	313.4	一级预警	正确
1963/8/10	0.0	292.0		
1963/8/11	0.0	248.1		
1963/8/12	0.0	208.0		
1963/8/13	0.0	173.7		

表 6-86 为萍河对"63·8"历史洪水过程预警的验证效果，从 8 月 1 日开始降水至 8 月 9 日达到观测流量最大值的过程中，基于综合模型的预警共 4 次，全部预警正确。

表 6-86　萍河综合模型预警验证（1963 年 8 月洪水过程）

日期	日降水 /mm	日流量 / (m³·s⁻¹)	综合模型预警	验证预警
1963/8/1	0.0	4.0	无	正确
1963/8/2	0.5	3.9	无	正确
1963/8/3	14.0	4.4	无	正确
1963/8/4	26.3	11.0	无	正确
1963/8/5	87.9	72.2	无	正确
1963/8/6	112.4	208.6	三级预警	正确
1963/8/7	157.4	385.2	二级预警	正确
1963/8/8	123.1	552.5	一级预警	正确
1963/8/9	26.7	622.1	一级预警	正确
1963/8/10	0.1	578.9		
1963/8/11	0.0	495.6		
1963/8/12	0.0	417.7		

日期	日降水 /mm	日流量 / (m³·s⁻¹)	综合模型预警	验证预警
1963/8/13	0.0	350.9		
1963/8/14	0.0	293.5		

　　表 6-87 为孝义河对"63·8"历史洪水过程预警的验证效果,从 8 月 1 日开始降水至 8 月 9 日达到观测流量最大值的过程中,基于综合模型的预警共 4 次,全部预警正确。

表 6-87　孝义河综合模型预警验证（1963 年 8 月洪水过程）

日期	日降水 /mm	日流量 / (m³·s⁻¹)	综合模型预警	验证预警
1963/8/1	0.0	2.9	无	正确
1963/8/2	2.0	2.9	无	正确
1963/8/3	14.5	3.1	无	正确
1963/8/4	33.8	16.2	无	正确
1963/8/5	104.3	222.4	四级预警	正确
1963/8/6	138.8	570.2	三级预警	正确
1963/8/7	171.0	912.3	二级预警	正确
1963/8/8	111.5	1053.4	二级预警	正确
1963/8/9	37.2	820.4		
1963/8/10	0.1	420.9		
1963/8/11	0.0	124.6		
1963/8/12	0.0	21.2		
1963/8/13	0.0	11.1		

（2）1996 年 8 月历史洪水过程案例验证

　　表 6-88～表 6-97 为雄安新区上游中小河流"96·8"历史洪水过程的预警验证结果。总的来看,基于综合模型构建的预警指标在各流域的回报效果均较好。从降水开始至达到流量最大值的过程中,潴龙河北郭村站、南拒马河北河店站、瀑河徐水国平站、清水河北辛店站这 4 个流域水文站的洪水过程预警全部正确,在各流域的洪水过程预警中超过 95% 的天数都正确预警。漕河流域漕河站有 1 次提前高估预警；唐河北辛店站有 1 次低估漏报。各流域具体的洪水过程预警验证结果如下：

　　表 6-88 为潴龙河北郭村站对"96·8"历史洪水过程预警的验证效果。从 7 月 26 日开始降水至 8 月 10 日达到观测流量最大值的过程中,基于综合模型的预警共 2 次,全部预警正确。

表 6-88　潴龙河综合模型预警验证（1996 年 8 月洪水过程）

日期	日降水 /mm	日流量/（m³·s⁻¹）	综合模型预警	验证预警
1996/7/26	0.0	35.1	无	正确
1996/7/27	1.4	26.4	无	正确
1996/7/28	6.4	25.4	无	正确
1996/7/29	6.0	12.6	无	正确
1996/7/30	6.3	8.0	无	正确
1996/7/31	10.6	0.0	无	正确
1996/8/1	9.2	0.0	无	正确
1996/8/2	2.6	0.0	无	正确
1996/8/3	9.6	0.0	无	正确
1996/8/4	81.7	0.0	无	正确
1996/8/5	62.2	18.1	无	正确
1996/8/6	0.2	34.8	无	正确
1996/8/7	0.3	49.6	无	正确
1996/8/8	6.3	291.0	无	正确
1996/8/9	24.8	377.0	四级预警	正确
1996/8/10	12.9	379.0	四级预警	正确
1996/8/11	1.1	378.0		
1996/8/12	4.4	358.0		
1996/8/13	5.3	304.0		
1996/8/14	0.0	237.0		

表 6-89 为南拒马河北河店站对"96·8"历史洪水过程预警的验证效果。从 7 月 26 日开始降水至 8 月 6 日达到观测流量最大值的过程中，基于综合模型的预警共 2 次，全部预警正确。

表 6-89　南拒马河综合模型预警验证（1996 年 8 月洪水过程）

日期	日降水 /mm	日流量/（m³·s⁻¹）	综合模型预警	验证预警
1996/7/26	0.0	58.0	无	正确
1996/7/27	1.9	48.4	无	正确
1996/7/28	6.6	49.1	无	正确
1996/7/29	10.0	56.3	无	正确
1996/7/30	13.8	57.6	无	正确
1996/7/31	35.5	98.5	无	正确

续表

日期	日降水 /mm	日流量/ (m³·s⁻¹)	综合模型预警	验证预警
1996/8/1	9.7	131.0	无	正确
1996/8/2	1.2	150.0	无	正确
1996/8/3	19.3	150.0	无	正确
1996/8/4	36.5	176.0	无	正确
1996/8/5	79.8	805.0	四级预警	正确
1996/8/6	0.2	883.0	四级预警	正确
1996/8/7	0.7	531.0		
1996/8/8	0.1	451.0		
1996/8/9	8.3	390.0		
1996/8/10	33.1	371.0		
1996/8/11	3.3	287.0		
1996/8/12	4.2	263.0		
1996/8/13	0.6	204.0		
1996/8/14	0.0	186.0		

表 6-90 为白沟河东茨村站对"96·8"历史洪水过程预警的验证效果。从 7 月 26 日开始降水至 8 月 6 日达到观测流量最大值的过程中，基于综合模型的预警共 2 次，为高估预警。

表 6-90　东茨村站综合模型预警验证（1996 年 8 月洪水过程案例）

日期	日降水 /mm	日流量/ (m³·s⁻¹)	综合模型预警	验证预警
1996/7/26	0.0	30.0	无	正确
1996/7/27	1.4	28.3	无	正确
1996/7/28	11.7	35.1	无	正确
1996/7/29	13.4	43.9	无	正确
1996/7/30	9.3	50.5	无	正确
1996/7/31	15.4	73.3	无	正确
1996/8/1	4.8	91.7	无	正确
1996/8/2	1.1	79.3	无	正确
1996/8/3	18.6	77.1	无	正确
1996/8/4	24.7	132.5	无	正确
1996/8/5	52.0	319.1	三级预警	高估预警
1996/8/6	0.4	425.3	三级预警	高估预警
1996/8/7	0.5	325.1		

日期	日降水 /mm	日流量 / (m³·s⁻¹)	综合模型预警	验证预警
1996/8/8	0.3	215.5		
1996/8/9	4.7	148.4		
1996/8/10	23.8	142.1		
1996/8/11	12.1	145.8		
1996/8/12	4.9	120.7		
1996/8/13	4.3	95.6		
1996/8/14	0.0	81.9		

　　表 6-91 为唐河温仁站对"96·8"历史洪水过程预警的验证效果。从 7 月 26 日开始降水至 8 月 6 日达到观测流量最大值的过程中,基于综合模型的预警未发布,在 8 月 6 日漏报 1 次。

表 6-91　唐河综合模型预警验证（1996 年 8 月洪水过程）

日期	日降水 /mm	日流量 / (m³·s⁻¹)	综合模型预警	验证预警
1996/7/26	0.0	27.1	无	正确
1996/7/27	1.3	28.5	无	正确
1996/7/28	6.6	25.4	无	正确
1996/7/29	4.1	23.5	无	正确
1996/7/30	4.7	23.7	无	正确
1996/7/31	9.2	30.2	无	正确
1996/8/1	5.9	34.8	无	正确
1996/8/2	3.0	28.4	无	正确
1996/8/3	5.4	22.8	无	正确
1996/8/4	36.6	179.7	无	正确
1996/8/5	61.0	451.1	无	正确
1996/8/6	0.2	589.6	无	低估预警
1996/8/7	0.3	498.5		
1996/8/8	1.3	325.6		
1996/8/9	7.6	165.9		
1996/8/10	13.6	112.4		
1996/8/11	2.3	65.8		
1996/8/12	8.3	46.9		
1996/8/13	3.8	37.2		
1996/8/14	0.0	38.0		

表 6-92 为漕河流域漕河站对"96·8"历史洪水过程预警的验证效果。从 7 月 26 日开始降水至 8 月 6 日达到观测流量最大值的过程中，基于综合模型的预警共 2 次预警，预警正确。

表 6-92　漕河综合模型预警验证（1996 年 8 月洪水过程）

日期	日降水 /mm	日流量 / (m³·s⁻¹)	综合模型预警	验证预警
1996/7/26	0.0	7.7	无	正确
1996/7/27	1.9	6.8	无	正确
1996/7/28	12.1	7.0	无	正确
1996/7/29	2.2	7.0	无	正确
1996/7/30	4.1	6.8	无	正确
1996/7/31	37.1	13.7	无	正确
1996/8/1	4.4	22.0	无	正确
1996/8/2	5.1	17.9	无	正确
1996/8/3	13.1	15.7	无	正确
1996/8/4	17.3	19.3	无	正确
1996/8/5	113.9	62.9	四级预警	正确
1996/8/6	0.8	99.8	四级预警	正确
1996/8/7	0.0	86.1		

表 6-93 为瀑河徐水国平站对"96·8"历史洪水过程预警的验证效果。从 7 月 26 日开始降水至 8 月 6 日达到观测流量最大值的过程中，基于综合模型的预警共 2 次，全部预警正确。

表 6-93　瀑河综合模型预警验证（1996 年 8 月洪水过程）

日期	日降水 /mm	日流量 / (m³·s⁻¹)	综合模型预警	验证预警
1996/7/26	0.0	14.7	无	正确
1996/7/27	1.6	13.3	无	正确
1996/7/28	10.1	13.8	无	正确
1996/7/29	5.1	14.7	无	正确
1996/7/30	8.4	15.1	无	正确
1996/7/31	33.4	24.4	无	正确
1996/8/1	7.9	37.4	无	正确
1996/8/2	2.2	35.2	无	正确
1996/8/3	11.4	32.1	无	正确
1996/8/4	33.9	47.4	无	正确

续表

日期	日降水 /mm	日流量 / (m³ · s⁻¹)	综合模型预警	验证预警
1996/8/5	81.9	119.3	四级预警	正确
1996/8/6	0.3	174.8	四级预警	正确
1996/8/7	0.1	157.6		

表 6-94 为清水河北辛店站对"96·8"历史洪水过程预警的验证效果。从 7 月 26 日开始降水至 8 月 6 日达到观测流量最大值的过程中,基于综合模型的预警共 2 次,全部预警正确。

表 6-94 清水河综合模型预警验证(1996 年 8 月洪水过程)

日期	日降水 /mm	日流量 / (m³ · s⁻¹)	综合模型预警	验证预警
1996/7/26	0.0	5.5	无	正确
1996/7/27	1.8	5.4	无	正确
1996/7/28	11.3	5.6	无	正确
1996/7/29	2.4	5.6	无	正确
1996/7/30	6.0	5.6	无	正确
1996/7/31	22.8	8.6	无	正确
1996/8/1	5.0	6.8	无	正确
1996/8/2	5.2	6.4	无	正确
1996/8/3	10.2	6.6	无	正确
1996/8/4	27.7	14.3	无	正确
1996/8/5	98.0	192.1	四级预警	正确
1996/8/6	0.5	241.1	四级预警	正确
1996/8/7	0.0	62.1		

表 6-95 为府河流域对"96·8"历史洪水过程预警的验证效果。从 7 月 26 日开始降水至 8 月 6 日达到观测流量最大值的过程中,基于综合模型的预警共 2 次,预警正确。

表 6-95 府河流域综合模型预警验证(1996 年 8 月洪水过程)

日期	日降水 /mm	日流量 / (m³ · s⁻¹)	综合模型预警	验证预警
1996/7/26	0.0	7.7	无	正确
1996/7/27	1.9	6.8	无	正确
1996/7/28	12.1	7.0	无	正确
1996/7/29	2.2	7.0	无	正确
1996/7/30	4.1	6.8	无	正确

日期	日降水 /mm	日流量/（m³·s⁻¹）	综合模型预警	验证预警
1996/7/31	37.1	13.7	无	正确
1996/8/1	4.4	22.0	无	正确
1996/8/2	5.1	17.9	无	正确
1996/8/3	13.1	15.7	无	正确
1996/8/4	17.3	19.3	无	正确
1996/8/5	113.9	62.9	四级预警	正确
1996/8/6	0.8	99.8	四级预警	正确
1996/8/7	0.0	86.1		

表 6-96 为萍河流域对"96·8"历史洪水过程预警的验证效果。从 7 月 26 日开始降水至 8 月 6 日达到观测流量最大值的过程中，基于综合模型的预警共 2 次，全部预警正确。

表 6-96　萍河流域综合模型预警验证（1996 年 8 月洪水过程）

日期	日降水 /mm	日流量/（m³·s⁻¹）	综合模型预警	验证预警
1996/7/26	0.0	14.7	无	正确
1996/7/27	1.6	13.3	无	正确
1996/7/28	10.1	13.8	无	正确
1996/7/29	5.1	14.7	无	正确
1996/7/30	8.4	15.1	无	正确
1996/7/31	33.4	24.4	无	正确
1996/8/1	7.9	37.4	无	正确
1996/8/2	2.2	35.2	无	正确
1996/8/3	11.4	32.1	无	正确
1996/8/4	33.9	47.4	无	正确
1996/8/5	81.9	119.3	四级预警	正确
1996/8/6	0.3	174.8	四级预警	正确
1996/8/7	0.1	157.6		

表 6-97 为孝义河流域对"96·8"历史洪水过程预警的验证效果。从 7 月 26 日开始降水至 8 月 6 日达到观测流量最大值的过程中，基于综合模型的预警共 2 次，全部预警正确。

表 6-97　孝义河流域综合模型预警验证（1996 年 8 月洪水过程）

日期	日降水 /mm	日流量/（m³·s⁻¹）	综合模型预警	验证预警
1996/7/26	0.0	5.5	无	正确
1996/7/27	1.8	5.4	无	正确
1996/7/28	11.3	5.6	无	正确
1996/7/29	2.4	5.6	无	正确
1996/7/30	6.0	5.6	无	正确
1996/7/31	22.8	8.6	无	正确
1996/8/1	5.0	6.8	无	正确
1996/8/2	5.2	6.4	无	正确
1996/8/3	10.2	6.6	无	正确
1996/8/4	27.7	14.3	无	正确
1996/8/5	98.0	192.1	四级预警	正确
1996/8/6	0.5	241.1	四级预警	正确
1996/8/7	0.0	62.1		

（3）2016 年 7 月历史洪水过程案例验证

表 6-98～表 6-107 为雄安新区上游中小河流"16·7"历史洪水过程的预警验证结果。总的来看，基于综合模型构建的预警指标在各流域的回报效果均较好。从降水开始至达到流量最大值的过程中，潴龙河北郭村站、唐河温仁站、清水河北辛店站 3 个流域的洪水过程预警全部正确，在各流域的洪水过程预警中超过 87% 的天数都正确预警。各流域具体的洪水验证过程如下：

表 6-98 为潴龙河北郭村站对"16·7"历史洪水过程预警的验证效果。从 7 月 10 日开始降水至 7 月 22 日达到观测流量最大值的过程中，基于综合模型的预警未发出报道，实际观测日流量也未达到预警致灾流量。

表 6-98　潴龙河北郭村站综合模型预警验证（2016 年 7 月洪水过程）

日期	日降水 /mm	日流量/（m³·s⁻¹）	综合模型预警	验证预警
2016/7/10	0.0	0.2	无	正确
2016/7/11	0.0	0.2	无	正确
2016/7/12	22.0	0.2	无	正确
2016/7/13	0.0	0.2	无	正确
2016/7/14	4.3	0.2	无	正确
2016/7/15	4.5	0.2	无	正确

日期	日降水/mm	日流量/（m³·s⁻¹）	综合模型预警	验证预警
2016/7/16	2.8	0.2	无	正确
2016/7/17	7.0	0.2	无	正确
2016/7/18	0.3	0.2	无	正确
2016/7/19	89.9	0.2	无	正确
2016/7/20	69.2	0.2	无	正确
2016/7/21	11.7	0.9	无	正确
2016/7/22	0.0	1.3	无	正确
2016/7/23	0.6	0.6		

表 6-99 为南拒马河对"16·7"历史洪水过程预警的验证效果。从 7 月 13 日开始降水至 7 月 22 日降水结束的过程中，基于综合模型的预警共 1 次，高估预警。

表 6-99　南拒马河综合模型预警验证（2016 年 7 月洪水过程）

日期	日降水/mm	日流量/（m³·s⁻¹）	综合模型预警	验证预警
2016/7/13	0.0	0.0	无	正确
2016/7/14	1.5	0.0	无	正确
2016/7/15	3.9	0.0	无	正确
2016/7/16	0.1	0.0	无	正确
2016/7/17	0.2	0.0	无	正确
2016/7/18	0.1	0.0	无	正确
2016/7/19	23.1	0.0	无	正确
2016/7/20	159.8	0.0	四级预警	高估预警
2016/7/21	5.1	0.0		
2016/7/22	0.0	0.0		

表 6-100 为白沟河东茨村站对"16·7"历史洪水过程预警的验证效果。从 7 月 16 日开始降水至 7 月 21 日达到观测流量最大值的过程中，基于综合模型的预警共 3 次，2 次完全正确预警；7 月 20 日提前高估预警，当天实际观测日流量 311.5 m³·s⁻¹ 与四级预警致灾流量 313 m³·s⁻¹ 非常接近，可近似认为是正确预警。

表 6-100　白沟河综合模型预警验证（2016 年 7 月洪水过程）

日期	日降水/mm	日流量/（m³·s⁻¹）	综合模型预警	验证预警
2016/7/16	0.0	18.4	无	正确
2016/7/17	1.6	18.3	无	正确

日期	日降水 /mm	日流量 / (m³·s⁻¹)	综合模型预警	验证预警
2016/7/18	0.2	18.2	无	正确
2016/7/19	33.3	27.8	无	正确
2016/7/20	159.1	311.5	四级预警	提前 1 d，高估预警
2016/7/21	8.7	605.2	三级预警	正确
2016/7/22	0.2	515.0	三级预警	正确
2016/7/23	0.2	358.4		
2016/7/24	1.4	233.8		
2016/7/25	10.9	191.5		
2016/7/26	0.0	174.6		

表 6-101 为唐河温仁站对"16·7"历史洪水过程预警的验证效果。从 7 月 18 日开始降水至 7 月 21 日达到模拟流量最大值的过程中，基于综合模型的预警共 2 次，全部预警正确。

表 6-101　唐河综合模型预警验证（2016 年 7 月洪水过程）

日期	日降水 /mm	日流量 / (m³·s⁻¹)	综合模型预警	验证预警
2016/7/18	0.1	14.7	无	正确
2016/7/19	63.0	204.4	无	正确
2016/7/20	74.1	503.0	四级预警	正确
2016/7/21	7.5	682.3	四级预警	正确
2016/7/22	0.0	606.4		
2016/7/23	0.3	426.7		
2016/7/24	3.6	244.3		
2016/7/25	25.8	236.0		
2016/7/26	0.0	233.5		
2016/7/27	0.0	138.8		

表 6-102 为漕河流域漕河站对"16·7"历史洪水过程预警的验证效果。从开始降水至 7 月 21 日达到流量最大值的过程中，基于综合模型的有 1 次提前预警，在 7 月 21 日存在 1 次低估预警。

表 6-102　漕河综合模型预警验证（2016 年 7 月洪水过程）

日期	日降水 /mm	日流量 / (m³·s⁻¹)	综合模型预警	验证预警
2016/7/16	0.0	0.1	无	正确
2016/7/17	0.0	0.1	无	正确

续表

日期	日降水/mm	日流量/（m³·s⁻¹）	综合模型预警	验证预警
2016/7/18	0.1	0.1	无	正确
2016/7/19	10.1	0.1	无	正确
2016/7/20	161.0	40.1	四级预警	提前1d，低估预警
2016/7/21	6.0	81.9		
2016/7/22	0.0	71.3		

表6-103为瀑河徐水国平站对"16·7"历史洪水过程预警的验证效果。从开始降水至7月21日达到观测流量最大值的过程中，基于综合模型的有1次提前预警，在7月21日存在1次低估预警。

表6-103　瀑河综合模型预警验证（2016年7月洪水过程）

日期	日降水/mm	日流量/（m³·s⁻¹）	综合模型预警	验证预警
2016/7/18	0.1	1.4	无	正确
2016/7/19	30.5	2.6	无	正确
2016/7/20	125.2	68.2	四级预警	提前1d，低估预警
2016/7/21	5.9	142.9		
2016/7/22	0.0	134.6		
2016/7/23	0.2	107.0		
2016/7/24	2.2	84.0		
2016/7/25	35.7	89.4		
2016/7/26	0.0	99.5		

表6-104为清水河北辛店站对"16·7"历史洪水过程预警的验证效果。从7月16日开始降水至7月21日达到流量最大值的过程中，基于综合模型的预警共2次，全部预警正确。

表6-104　清水河综合模型预警验证（2016年7月洪水过程）

日期	日降水/mm	日流量/（m³·s⁻¹）	综合模型预警	验证预警
2016/7/16	0.1	0.9	无	正确
2016/7/17	0.2	0.9	无	正确
2016/7/18	0.1	0.9	无	正确
2016/7/19	32.1	4.5	无	正确
2016/7/20	116.6	197.2	四级预警	正确
2016/7/21	7.0	266.7	四级预警	正确
2016/7/22	0.0	81.1		

表 6-105 为府河流域对"16·7"历史洪水过程预警的验证效果。从开始降水至 7 月 21 日达到流量最大值的过程中，基于综合模型的有 1 次提前预警，在 7 月 21 日存在 1 次低估预警。

表 6-105　府河流域综合模型预警验证（2016 年 7 月洪水过程）

日期	日降水 /mm	日流量 /（m³·s⁻¹）	综合模型预警	验证预警
2016/7/16	0.0	0.1	无	正确
2016/7/17	0.0	0.1	无	正确
2016/7/18	0.1	0.1	无	正确
2016/7/19	10.1	0.1	无	正确
2016/7/20	161.0	40.1	四级预警	提前 1 d，低估预警
2016/7/21	6.0	81.9		
2016/7/22	0.0	71.3		

表 6-106 为萍河流域对"16·7"历史洪水过程预警的验证效果。从开始降水至 7 月 21 日达到观测流量最大值的过程中，基于综合模型的有 1 次提前预警，在 7 月 21 日存在 1 次低估预警。

表 6-106　萍河流域综合模型预警验证（2016 年 7 月洪水过程）

日期	日降水 /mm	日流量 /（m³·s⁻¹）	综合模型预警	验证预警
2016/7/18	0.1	1.4	无	正确
2016/7/19	30.5	2.6	无	正确
2016/7/20	125.2	68.2	四级预警	提前 1 d，低估预警
2016/7/21	5.9	142.9		
2016/7/22	0.0	134.6		
2016/7/23	0.2	107.0		
2016/7/24	2.2	84.0		
2016/7/25	35.7	89.4		
2016/7/26	0.0	99.5		

表 6-107 为孝义河流域对"16·7"历史洪水过程预警的验证效果。从 7 月 16 日开始降水至 7 月 21 日达到流量最大值的过程中，基于综合模型的预警共 2 次，全部预警正确。

表 6-107　孝义河流域综合模型预警验证（2016 年 7 月洪水过程）

日期	日降水 /mm	日流量 /（m³·s⁻¹）	综合模型预警	验证预警
2016/7/16	0.1	0.9	无	正确

日期	日降水/mm	日流量/($m^3 \cdot s^{-1}$)	综合模型预警	验证预警
2016/7/17	0.2	0.9	无	正确
2016/7/18	0.1	0.9	无	正确
2016/7/19	32.1	4.5	无	正确
2016/7/20	116.6	197.2	四级预警	正确
2016/7/21	7.0	266.7	四级预警	正确
2016/7/22	0.0	81.1		

6.5   小结

　　1963 年 8 月大洪水过后，大清河水系进行了大规模的治理。目前，大清河水系已经形成了横山岭、口头、王快、西大洋、龙门、安各庄 6 座大型水库，潴龙河、沙河、唐河、新唐河 4 条主要行洪河道，枣林庄、新盖房枢纽、王村分洪闸、小清河分洪区、洋淀、兰沟洼、东淀、团泊洼、文安洼、贾口洼等蓄滞洪区组成的防洪工程体系。这些防洪工程体系和措施对于降低雄安新区的洪水灾害影响发挥了巨大的效益和作用。但在全球变暖的背景下，预计未来极端降水事件的强度增大，为及时有效地发布洪水预警，确定以河道现有安全泄量作为一级洪水预警阈值，发布洪水预警，有利于相关部门提前开展预防和应对，在非工程措施方面最大程度地减轻雄安新区面临的上游河流洪水风险。同时，加上逐步完善的防洪工程体系，共同保障千年大计雄安新区的稳定发展。

　　除了工程措施以外，在非工程措施方面，有效的分级临界面雨量是洪水预警过程中的重要参考依据，可以有效提高预警的准确性和前瞻性，减少洪水损失风险。本章尝试通过对雄安新区上游各流域的历史洪水过程分析，构建考虑前期降水条件的分级临界面雨量阈值的方法。首先，考虑流域历史洪水特征和防洪标准确定分级致灾流量；其次，基于对历史洪水过程的降水—径流关系分析，采用递归数字滤波方法将流量分割为基流流量和暴雨流量，进而构建前 1 d 降水量与基流流量关系，考虑不同前期降水量条件分别构建相应的降水—径流关系；最后，基于考虑不同前期降水条件构建的模型，确定达到分级致灾流量对应的临界面雨量，并与历史洪水过程和近几年的降水智能网格数据进行验证。

　　从所构建的洪水预警模型以及预警面雨量阈值验证的结果来看，总体而言，基于统计模型的影响预警阈值预警结果构建的洪水分级预警 24 h 面雨量阈值验证效果均较好，不仅对于历史时期洪水表现很好，而且对于近几年的洪水过程以及汛期的验证效果都很好，总体均能提前或者准确发布对应的预警等级。洪水预警的首要目标是保障人民群众生命安全并规避重大财产损失，因此，在洪水预警实践中，需要着重避免因漏警而造成重大人员伤亡和财产损失，当模型模拟预警比实际预警等级稍高或预警日期在实际需要预警日期之前，对于防洪减灾效果来讲是更加安全的。气象部门基于降水特征和最大程度保障人民群众安全避免漏警情况发生的角度考量，将灾害风险防患于未然而产生的提前预警和高估预警都有助于更好地提前应对灾害。从气象部门的应用层面来看，统计模型的应用相对更方便灵活。因此，推荐以表 6-24 的结果作为雄安新区上游中小河流的洪水分级预警 24 h 面雨量阈值。

第 7 章

洪水灾害风险评估

7.1　分级预警洪水灾害风险评估

7.1.1　南拒马河

7.1.1.1　洪水淹没范围与水深变化

当南拒马河北河店控制站以上流域范围 24 h 面雨量分别达到 36 mm、68 mm、136 mm、280 mm（前 1 d 面雨量≤10 mm）或 30 mm、60 mm、130 mm、280 mm（前 1 d 面雨量>10 mm）时，运行 FloodArea 二维水动力模型，分别模拟南拒马河四级至一级预警洪水对雄安新区的淹没过程，洪水淹没范围随时间的变化过程见图 7-1。不同级别预警洪水的淹没过程起始于雄安新区雄县西北部边界，逐渐向南部白洋淀和雄县东南部演进，淹没范围随淹没时间推移而逐渐增大，48 h 后淹没速度放缓，尤其是一级预警洪水淹没 48 h 后淹没范围趋于稳定。

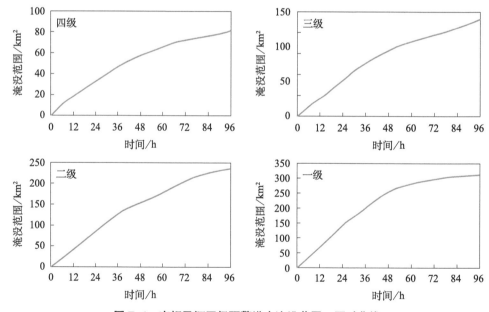

图 7-1　南拒马河四级预警洪水淹没范围—历时曲线

四级预警洪水淹没情景下，洪水从雄县西北部进入雄安新区后向雄县西南部推进，影响范围主要在雄县境内大清河干流以北的部分区域（图 7-2）。洪水淹没范围在淹没时长达 48 h 时增大为 56 km²，占雄安新区总面积的 2.68%，此时平均淹没水深为 0.32 m，淹没水深大于 0.5 m 区域占雄安新区总面积的 1.07%；此后洪水演进速度放缓，第 96 h 淹没范围为 77 km²，占雄安新区总面积的 3.60%，平均淹没水深为 0.43 m，淹没水深大于 0.5 m 的区域占总雄安新区总面积的 1.02%。

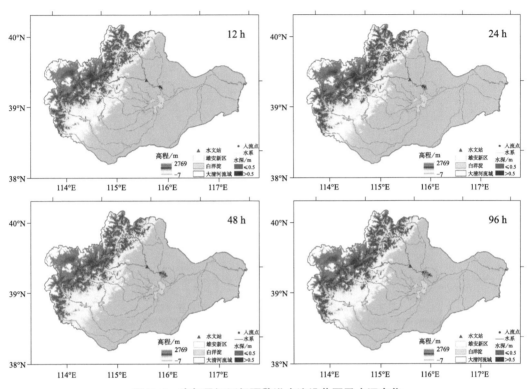

图 7-2 南拒马河四级预警洪水淹没范围及水深变化

三级预警洪水淹没情景下，洪水分为两支，一支淹没雄县部分区域，一支向南往白洋淀演进，对容城县部分区域产生影响（图 7-3）。洪水淹没范围在淹没时长达 48 h 时增大到 89 km²，占雄安新区总面积的 5.33%，此时平均淹没水深为 0.47 m，淹没水深大于 0.5 m 区域占雄安新区总面积的 1.94%；此后洪水演进速度放缓，第 96 h 淹没范围为 140 km²，占雄安新区总面积的 7.88%，平均淹没水深为 0.33 m，淹没水深大于 0.5 m 区域占总雄安新区总面积的 2.33%。

二级预警洪水淹没情景下，洪水一部分淹没雄县中西部地区，另一部分向南汇入白洋淀，并对白沟引河东岸的容城县产生影响（图 7-4）。洪水淹没范围在淹没时长达 48 h 时增大到 153 km²，占雄安新区总面积的 8.67%，此时平均淹没水深为 0.56 m，淹没水深大于 0.5 m 区域占雄安新区总面积的 3.65%；此后洪水演进速度放缓，第 96 h 淹没范围为 235 km²，占雄安新区总面积的 13.27%，平均淹没水深为 0.34 m，淹没水深大于 0.5 m 区域占总雄安新区总面积的 3.17%。

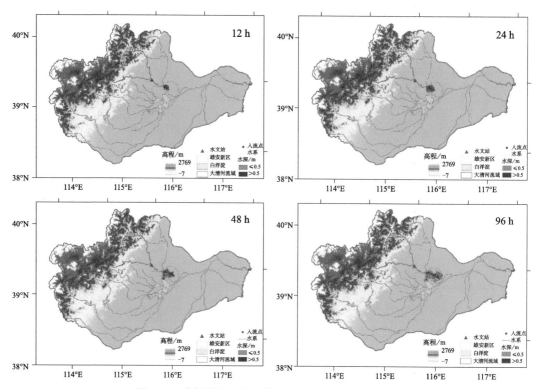

图 7-3   南拒马河三级预警洪水淹没范围及水深变化

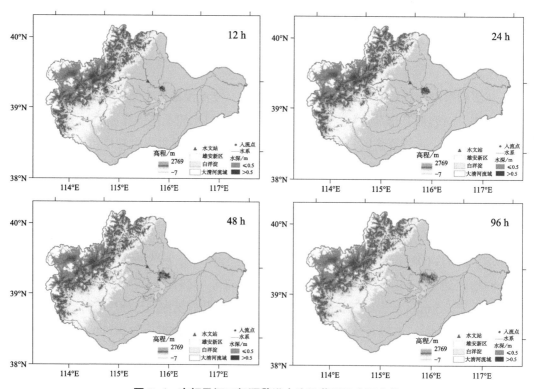

图 7-4   南拒马河二级预警洪水淹没范围及水深变化

一级预警洪水淹没情景下,洪水一部分几乎影响了雄县全境,并从雄县东部边界流出雄安新区,淹没大清河干流下游地区;另一部分洪水向南汇入白洋淀,对白沟引河东岸容城县部分地区产生影响(图 7-5)。洪水淹没范围在淹没时长达 48 h 时增大到 255 km²,占雄安新区总面积的 14.40%,此时平均淹没水深为 0.59 m,淹没水深大于 0.5 m 区域占雄安新区总面积的 6.96%;此后洪水演进速度显著放缓,第 96 h 淹没范围为 312 km²,占雄安新区总面积的 17.61%,由于白洋淀的汇水作用,此时平均淹没水深为 0.40 m,淹没水深大于 0.5 m 的区域占雄安新区总面积的 6.36%。

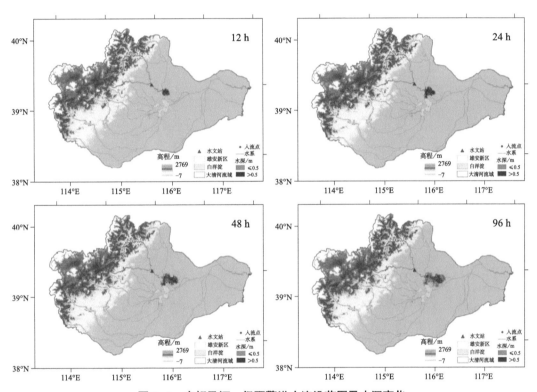

图 7-5 南拒马河一级预警洪水淹没范围及水深变化

7.1.1.2 洪水对土地利用的影响

基于 2015 年雄安新区的土地利用分类图,叠加南拒马河不同级别预警洪水的淹没范围,统计当洪水淹没时长达 48 h 时,雄安新区受洪水影响的土地利用类型及其面积变化,结果见表 7-1 所示。从表中可以看出,雄安新区受洪水影响的土地利用类型主要包括旱田、城镇用地和农村居民点,其中以旱田受淹面积最大,城镇用地受淹面积最小。四级预警洪水淹没情景下,雄安新区受影响的土地利用总面积为 55.04 km²,占雄安新区总面积的 3.11%,旱田、城镇用地和农村居民点的受淹面积分别为 50.72 km²、0.38 km² 和 3.94 km²;随着预警洪水级别的提高,受影响土地利用总面积不断增大。一级预警洪水淹没情景下，雄安新区受淹土地利用类型总面积达 246.39 km²，占雄安新区总面积的 13.91%，旱田、城镇用地和农村居民点的受淹面积分别为 220.50 km²、2.50 km² 和 23.39 km²，相较四级预警洪水受影响的土地利用总面积增加约 10.8%。

表 7-1　南拒马河不同级别预警洪水 48 h 不同土地类型淹没面积

预警级别	土地类型	不同淹没水深的淹没面积 /km²		
		≤0.5 m	>0.5 m	总和
四级	旱田	32.50	18.22	50.72
	城镇用地	0.35	0.03	0.38
	农村居民点	2.76	1.18	3.94
	合计	35.61	19.43	55.04
三级	旱田	51.52	30.17	81.69
	城镇用地	1.11	0.10	1.21
	农村居民点	4.90	2.62	7.52
	合计	57.53	32.89	90.42
二级	旱田	75.66	56.58	132.24
	城镇用地	1.87	0.17	2.04
	农村居民点	8.27	5.16	13.43
	合计	85.80	61.91	147.71
一级	旱田	113.26	107.24	220.50
	城镇用地	0.79	1.71	2.50
	农村居民点	13.84	9.55	23.39
	合计	127.89	118.50	246.39

7.1.1.3　洪水对人口和 GDP 的影响

基于 2018 年雄安新区的人口和 GDP 格网化数据，叠加南拒马河不同级别预警洪水的淹没范围，统计当洪水淹没时长达 48 h 时，雄安新区受洪水影响的人口和 GDP 变化，结果见表 7-2 所示。从表中可以看出，随着预警洪水级别的提高，受影响的人口数量和 GDP 总量不断增大，且均以水深低于 0.5 m 区域的人口和 GDP 暴露度较大。四级预警洪水淹没情景下，雄安新区受影响的人口总数为 3.35 万人，受淹人口比例为 2.48%，受影响的 GDP 为 5.51 亿元，受影响的 GDP 比例为 2.96%，水深低于 / 高于 0.5 m 区域的受淹人口为 2.26 万人 /1.09 万人，水深低于 / 高于 0.5 m 区域的受影响的 GDP 为 3.71 亿元 /1.80 亿元；一级预警洪水淹没情景下，有 19.39 万人受洪水影响，占雄安新区总人口的 14.37%，受影响的 GDP 为 29.84 亿元，占雄安新区总 GDP 的 16.05%，相较四级预警洪水，受影响的人口和 GDP 分别增加约 11.8% 和 13.0%。

表 7-2　南拒马河不同级别预警洪水 48 h 影响的人口和 GDP

预警级别	不同淹没水深影响的人口 / 万人			受淹人口 比例 /%	不同淹没水深影响的 GDP/ 亿元			受影响的 GDP 比例 /%
	≤0.5 m	>0.5 m	总和		≤0.5 m	>0.5 m	总和	
四级	2.26	1.09	3.35	2.48	3.71	1.80	5.51	2.96
三级	3.87	2.18	6.05	4.49	6.57	3.62	10.19	5.48
二级	7.79	4.58	12.37	9.16	11.70	7.62	19.32	10.39
一级	10.67	8.72	19.39	14.37	16.45	13.39	29.84	16.05

7.1.2　白沟河

7.1.2.1　洪水淹没范围与水深变化

当白沟河东茨村站以上流域范围 24 h 面雨量分别达到 24 mm、40 mm、70 mm、140 mm（前 1 d 面雨量≤10 mm）或 19 mm、33 mm、58 mm、120 mm（前 1 d 面雨量＞10 mm）时，运行 FloodArea 二维水动力模型，分别模拟白沟河四级至一级预警洪水对雄安新区的淹没过程，洪水淹没范围随时间的变化过程见图 7-6。不同级别预警洪水的淹没过程起始于雄安新区北部边界，逐渐向白洋淀和雄县东南部演进，淹没范围随淹没时间延长而逐渐增大，前 48 h 淹没范围增加速度较快，后期淹没速度放缓。

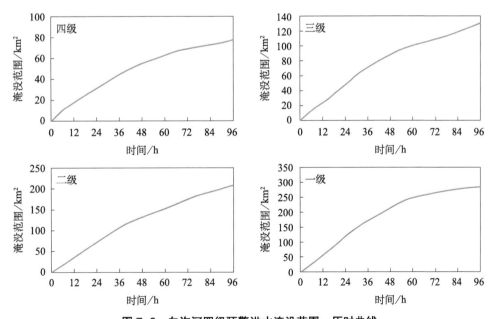

图 7-6　白沟河四级预警洪水淹没范围—历时曲线

四级预警洪水淹没情景下，洪水进入雄安新区后向雄县推进，影响范围集中在雄县境内大清河干流以北的部分区域（图7-7）。洪水淹没范围在淹没时长达48 h时增大为56 km²，占雄安新区总面积的2.68%，此时平均淹没水深为0.32 m，淹没水深大于0.5 m区域的面积占比为1.08%；此后洪水演进速度放缓，第96 h淹没范围为77 km²，占雄安新区总面积的3.60%，平均淹没水深为0.43 m，淹没水深大于0.5 m区域的面积占比为1.04%。

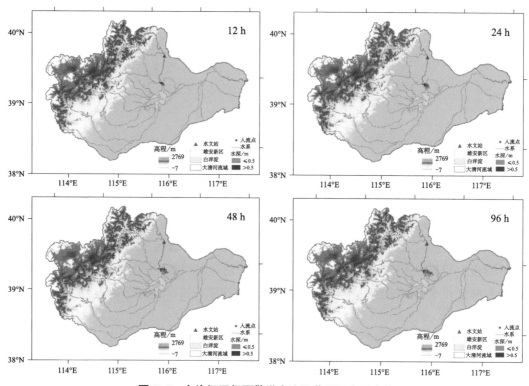

图7-7　白沟河四级预警洪水淹没范围及水深变化

三级预警洪水淹没情景下，洪水除了淹没雄县境内大清河干流以北部分区域外，还有一部分向南往白洋淀方向演进，影响容城县部分区域（图7-8）。洪水淹没范围在淹没时长达48 h时增大到89 km²，占雄安新区总面积的5.01%，此时平均淹没水深为0.46 m，淹没水深大于0.5 m区域的面积占比1.85%；此后洪水演进速度放缓，第96 h淹没范围为128 km²，占雄安新区总面积的7.21%，平均淹没水深为0.33 m，淹没水深大于0.5 m区域的面积占比为1.90%。

二级预警洪水淹没情景下，洪水一支淹没雄县大部分地区，另一支向南汇入白洋淀，并对容城县较大范围产生影响（图7-9）。洪水淹没范围在淹没时长达48 h时增大到131 km²，占雄安新区总面积的7.42%，此时平均淹没水深为0.54 m，淹没水深大于0.5 m区域的面积占比为2.94%；此后洪水演进速度放缓，第96 h淹没范围为207 km²，占雄安新区总面积的10.01%，由于白洋淀的汇水作用，此时平均淹没水深为0.33 m，淹没水深大于0.5 m区域的面积占比为2.68%。

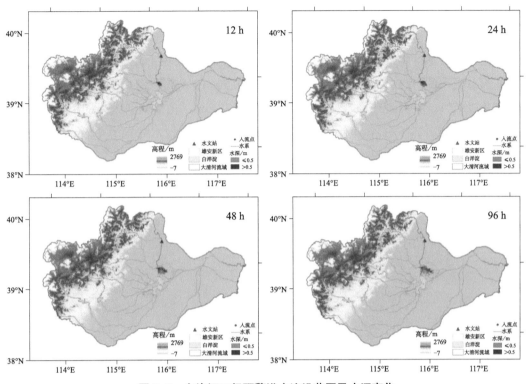

图 7-8　白沟河三级预警洪水淹没范围及水深变化

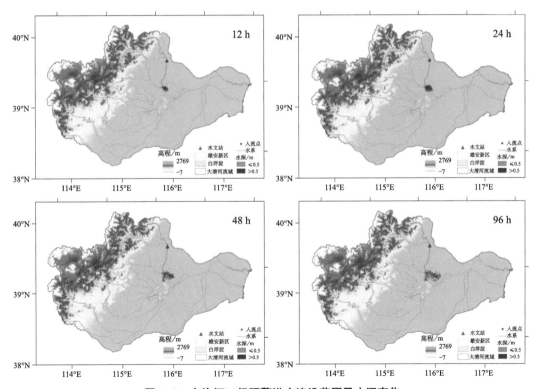

图 7-9　白沟河二级预警洪水淹没范围及水深变化

一级预警洪水淹没情景下，洪水一部分几乎淹没雄县全境，并从雄县东部流出雄安新区向大清河干流下游演进，另一部分向南汇入白洋淀，主要对白沟引河东岸容城县部分地区产生影响（图 7-10）。洪水淹没范围在淹没时长达 48 h 时增大到 216 km²，占雄安新区总面积的 10.37%，此时平均淹没水深为 0.59 m，淹没水深大于 0.5 m 区域的面积占比为 5.93%；洪水演进至第 96 h 淹没范围为 287 km²，占雄安新区总面积的 13.74%，由于白洋淀的汇水作用，此时平均淹没水深为 0.39 m，淹没水深大于 0.5 m 区域的面积占比为 5.32%。

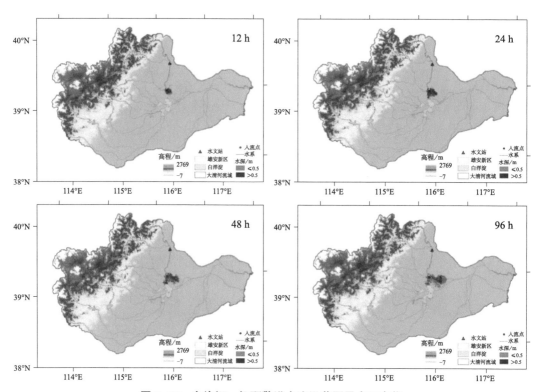

图 7-10   白沟河一级预警洪水淹没范围及水深变化

7.1.2.2   洪水对土地利用的影响

基于 2015 年雄安新区的土地利用分类图，叠加白沟河不同级别预警洪水的淹没范围，统计当洪水淹没时长达 48 h 时，雄安新区受洪水影响的土地利用类型及其面积变化，结果见表 7-3 所示。从表中可以看出，雄安新区受洪水影响的土地利用类型主要包括旱田、城镇用地和农村居民点，其中以旱田受淹面积最大，城镇用地受淹面积最小。四级预警洪水淹没情景下，雄安新区受影响的土地利用总面积为 51.61 km²，占雄安新区总面积的 2.91%，旱田、城镇用地和农村居民点的受淹面积分别为 47.55 km²、0.36 km² 和 3.70 km²；随着预警洪水级别的提高，受影响土地利用总面积不断增大。一级预警洪水淹没情景下，雄安新区受淹土地利用类型总面积达 199.44 km²，占雄安新区总面积的 11.26%，旱田、城镇用地和农村居民点的受淹面积分别为 178.49 km²、2.02 km² 和 18.93 km²。

表 7-3　白沟河预警洪水 48 h 不同土地类型淹没面积

预警级别	土地类型	不同淹没水深的淹没面积 /km²		
		≤0.5 m	>0.5 m	总和
四级	旱田	30.47	17.08	47.55
	城镇用地	0.33	0.03	0.36
	农村居民点	2.59	1.11	3.70
	合计	33.39	18.22	51.61
三级	旱田	46.88	27.45	74.33
	城镇用地	1.01	0.09	1.10
	农村居民点	4.46	2.38	6.84
	合计	52.35	29.92	82.27
二级	旱田	61.28	45.83	107.11
	城镇用地	1.51	0.14	1.65
	农村居民点	6.70	4.18	10.88
	合计	69.49	50.15	119.64
一级	旱田	91.68	86.81	178.49
	城镇用地	0.64	1.38	2.02
	农村居民点	11.20	7.73	18.93
	合计	103.52	95.92	199.44

7.1.2.3　洪水对人口和 GDP 的影响

基于 2018 年雄安新区的人口和 GDP 格网化数据，叠加白沟河不同级别预警洪水的淹没范围，统计当洪水淹没时长达 48 h 时，雄安新区受洪水影响的人口和 GDP 数量变化，结果见表 7-4 所示。从表中可以看出，随着预警洪水级别的提高，受影响的人口数量和 GDP 总量不断增大，且均以水深低于 0.5 m 区域的人口和 GDP 暴露度较大。四级预警洪水淹没情景下，雄安新区受影响的人口总数和 GDP 总量分别为 3.14 万人和 5.17 亿元，分别占雄安新区总人口的 2.33% 和 GDP 总量的 2.78%；一级预警洪水淹没情景下，受影响人口为 15.70 万人，占雄安新区总人口的 11.63%，受影响的 GDP 达 24.16 亿元，占雄安新区总 GDP 的 12.99%，较四级预警洪水影响人口和 GDP 分别增加 9.3% 和 10.2%。

表 7-4　白沟河不同级别预警洪水 48 h 影响的人口和 GDP

预警级别	不同淹没水深影响的人口 / 万人			受淹人口比例 /%	不同淹没水深影响的GDP/ 亿元			受影响的GDP 比例 /%
	≤0.5 m	>0.5 m	总和		≤0.5 m	>0.5 m	总和	
四级	2.12	1.02	3.14	2.33	3.48	1.69	5.17	2.78
三级	3.52	1.98	5.50	4.09	5.98	3.29	9.27	4.99
二级	6.31	3.71	10.02	7.42	9.48	6.17	15.65	8.42
一级	8.64	7.06	15.70	11.63	13.32	10.84	24.16	12.99

7.1.3　唐河

7.1.3.1　洪水淹没范围与水深变化

当唐河温仁站以上流域范围 24 h 面雨量分别达到 24 mm、35 mm、57 mm、81 mm（前 1 d 面雨量≤10 mm）或 18 mm、30 mm、50 mm、73 mm（前 1 d 面雨量＞10 mm）时，运行 FloodArea 二维水动力模型，分别模拟唐河四至一级预警洪水对雄安新区的淹没过程，洪水淹没范围随时间的变化过程见图 7-11。不同级别预警洪水的淹没过程起始于雄安新区安新县西南部边界，呈扇形扩散，逐步沿河道向白洋淀演进，最终汇入白洋淀，淹没白洋淀以西安新县大部分区域；各级预警洪水大约在 24～48 h 后淹没范围增速放缓。

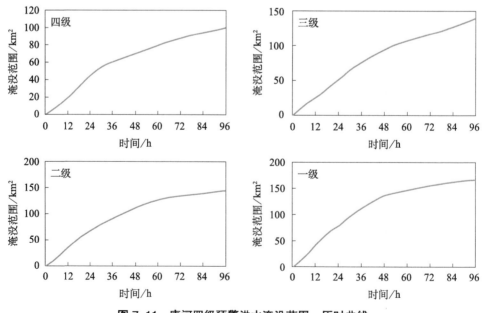

图 7-11　唐河四级预警洪水淹没范围—历时曲线

四级预警洪水淹没情景下，洪水进入雄安新区后向东北方向推进，影响河道两岸部分区域，第96 h大部分洪水还未汇入白洋淀中（图7-12）。洪水淹没范围在淹没时长达24 h时快速增大为45 km²，占雄安新区总面积的2.55%，此时平均淹没水深为0.5 m，淹没水深大于0.5 m区域占雄安新区总面积的1.01%；此后洪水演进速度放缓，第96 h淹没范围为100 km²，占雄安新区总面积的5.66%，平均淹没水深为0.29 m，淹没水深大于0.5 m区域占总雄安新区总面积的0.53%。

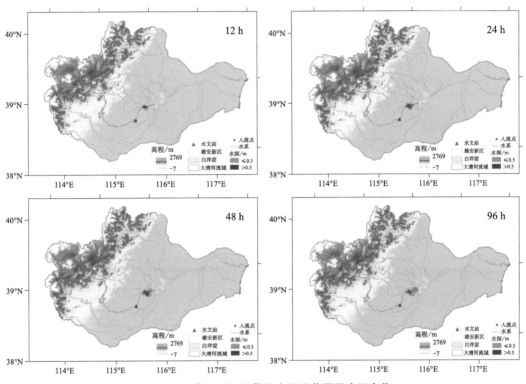

图7-12　唐河四级预警洪水淹没范围及水深变化

三级预警洪水淹没情景下，洪水沿河道及河道两岸向白洋淀推进，最终汇入白洋淀（图7-13）。洪水淹没范围在淹没时长达24 h时快速增大到56 km²，占雄安新区总面积的3.18%，此时平均淹没水深为0.59 m，淹没水深大于0.5 m区域占雄安新区总面积的1.78%；此后洪水演进速度放缓，第96 h淹没范围为121 km²，占雄安新区总面积的6.84%，平均淹没水深为0.36 m，淹没水深大于0.5 m的区域占总雄安新区总面积的2.68%。

二级预警洪水淹没情景下，洪水呈扇形扩散，沿唐河河道向东部北部白洋淀演进，最终部分汇入南淀，部分洪水向北演进抵达西淀南岸（图7-14）。洪水淹没范围在淹没时长达24 h时快速增大到69 km²，占雄安新区总面积的3.89%，此时平均淹没水深为0.78 m，淹没水深大于0.5 m区域占雄安新区总面积的2.50%；此后洪水演进速度放缓，第96 h淹没范围为145 km²，占雄安新区总面积的8.21%，平均淹没水深为0.46 m，淹没水深大于0.5 m区域占总雄安新区总面积的3.71%。

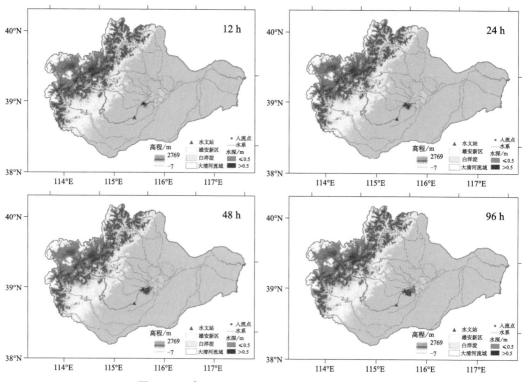

图 7-13　唐河三级预警洪水淹没范围及水深变化

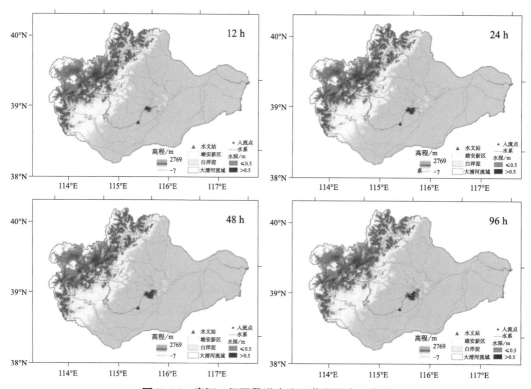

图 7-14　唐河二级预警洪水淹没范围及水深变化

一级预警洪水淹没情景下，洪水唐河沿河道向东部北部白洋淀演进，最终汇入南淀与西淀（图 7-15）。洪水淹没范围在淹没时长达 24 h 时增大到 79 km²，占雄安新区总面积的 4.45%，此时平均淹没水深为 0.95 m，淹没水深大于 0.5 m 区域占雄安新区总面积的 3.39%；第 96 h 淹没范围为 167 km²，占雄安新区总面积的 9.41%，平均淹没水深为 0.51 m，淹没水深大于 0.5 m 区域占总雄安新区总面积的 4.73%。

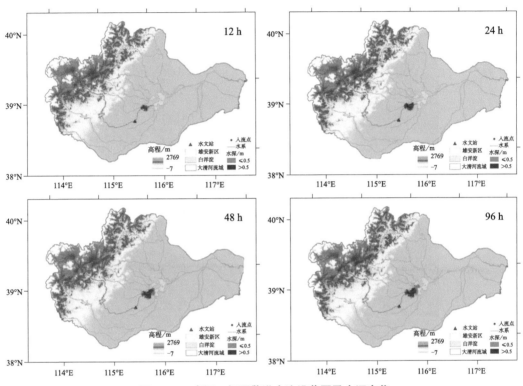

图 7-15　唐河一级预警洪水淹没范围及水深变化

7.1.3.2　洪水对土地利用的影响

基于 2015 年雄安新区的土地利用分类图，叠加唐河不同级别预警洪水的淹没范围，统计当洪水淹没时长达 48 h 时，雄安新区受洪水影响的土地利用类型及其面积变化，结果见表 7-5 所示。从表中可以看出，雄安新区受洪水影响的土地利用类型主要为旱田和农村居民点，其中以旱田受淹面积最大。四级预警洪水淹没情景下，雄安新区受影响的土地利用总面积为 68.68 km²，占雄安新区总面积的 3.88%，旱田和农村居民点的受淹面积分别为 62.28 km² 和 6.40 km²；随着预警洪水级别的提高，受影响土地利用总面积不断增大。一级预警洪水淹没情景下，雄安新区受淹土地利用类型总面积达 133.33 km²，占雄安新区总面积的 7.53%，旱田和农村居民点的受淹面积分别为 118.45 km² 和 14.88 km²。

表 7-5   唐河不同级别预警洪水 48 h 不同土地类型淹没面积

预警级别	土地类型	不同淹没水深的淹没面积 /km²		
		≤0.5 m	>0.5 m	总和
四级	旱田	39.96	22.32	62.28
	城镇用地	0.00	0.00	0.00
	农村居民点	3.66	2.74	6.40
	合计	43.62	25.06	68.68
三级	旱田	26.15	47.69	73.84
	城镇用地	0.00	0.00	0.00
	农村居民点	4.56	4.18	8.74
	合计	30.71	51.87	82.58
二级	旱田	38.20	59.62	97.82
	城镇用地	0.00	0.00	0.00
	农村居民点	5.17	6.21	11.38
	合计	43.37	65.83	109.20
一级	旱田	48.97	69.48	118.45
	城镇用地	0.00	0.00	0.00
	农村居民点	7.56	7.32	14.88
	合计	56.53	76.80	133.33

7.1.3.3   洪水对人口和 GDP 的影响

基于 2018 年雄安新区的人口和 GDP 格网化数据，叠加不同级别预警洪水的淹没范围，统计当洪水淹没时长达 48 h 时，雄安新区受洪水影响的人口和 GDP 数量变化，结果见表 7-6 所示。从表中可以看出，随着预警洪水级别的提高，受影响的人口数量由 2.94 万人（2.19%）不断增大到 6.33 万人（4.69%），且二级和一级预警洪水影响的人口多位于水深大于 0.5 m 的区域，人口危险性大；受影响的 GDP 由 4.66 亿元（2.51%）不断增大到 9.54 亿元（5.13%），除四级预警洪水外，其他级别预警洪水均以水深大于 0.5 m 的区域 GDP 暴露度较大。

表 7-6   唐河不同级别预警洪水 48 h 影响的人口和 GDP

预警级别	不同淹没水深影响的人口 / 万人			受淹人口比例 /%	不同淹没水深影响的GDP/ 亿元			受影响的GDP 比例 /%
	≤0.5 m	>0.5 m	总和		≤0.5 m	>0.5 m	总和	
四级	1.93	1.01	2.94	2.19	2.88	1.78	4.66	2.51
三级	2.26	1.91	4.17	3.09	3.10	3.29	6.39	3.44

续表

预警级别	不同淹没水深影响的人口 / 万人			受淹人口比例 /%	不同淹没水深影响的GDP/ 亿元			受影响的GDP 比例 /%
	≤0.5 m	>0.5 m	总和		≤0.5 m	>0.5 m	总和	
二级	1.69	3.49	5.18	3.83	2.62	5.37	7.99	4.30
一级	2.40	3.93	6.33	4.69	3.55	5.99	9.54	5.13

7.1.4　萍河

7.1.4.1　洪水淹没范围与水深变化

当萍河下河西站以上流域范围 24 h 面雨量分别达到 27 mm、44 mm、78 mm、120 mm（前 1 d 面雨量≤10 mm）或 17 mm、35 mm、73 mm、118 mm（前 1 d 面雨量＞10 mm）时，运行 FloodArea 二维水动力模型，分别模拟萍河四级至一级预警洪水对雄安新区的淹没过程，洪水淹没范围随时间的变化过程见图 7-16。不同级别预警洪水的淹没过程起始于萍河与雄安新区容城县交界处，逐渐向东南部白洋淀演进，淹没范围随淹没时间推移而逐渐增大，除了一级预警洪水外，其他预警级别洪水基本上在 36 h 后淹没速度放缓，且各级预警洪水淹没范围均较小，四级和三级预警洪水影响范围不超过 20 km²，二级预警洪水影响范围低于 30 km²，一级预警洪水淹没范围最大仅 55 km²，占雄安新区总面积的 3.09%（图 7-17）。

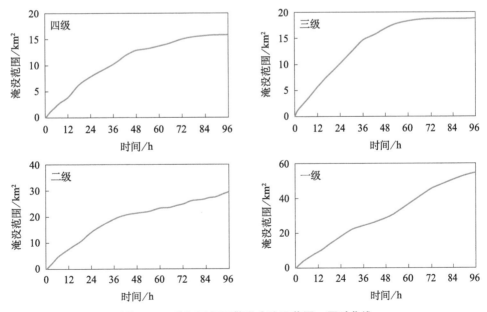

图 7-16　萍河四级预警洪水淹没范围—历时曲线

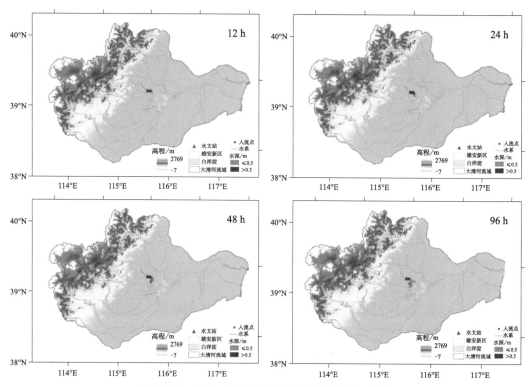

图 7-17 萍河一级预警洪水淹没范围及水深变化

7.1.4.2 洪水对土地利用的影响

基于 2015 年雄安新区的土地利用分类图，叠加萍河不同级别预警洪水的淹没范围，统计当洪水淹没时长达 48 h 时，雄安新区受洪水影响的土地利用类型及其面积变化，结果见表 7-7 所示。从表中可以看出，萍河受影响的土地利用类型为旱田和农村居民点，其中以旱田影响为主。一级预警洪水淹没情景下，雄安新区受影响的土地利用总面积为 28.04 km²，占雄安新区总面积的 1.58%；其中旱田受淹面积为 24.15 km²，且大部分受淹面积水深大于 0.5 m；农村居民点受淹面积为 3.89 km²，大部分受淹面积水深低于 0.5 m。

表 7-7 萍河不同级别预警洪水 48 h 不同土地类型淹没面积

预警级别	土地类型	不同淹没水深的淹没面积 /km²		
		≤0.5 m	>0.5 m	总和
四级	旱田	6.54	4.69	11.23
	城镇用地	0.00	0.00	0.00
	农村居民点	0.91	0.52	1.43
	合计	7.45	5.21	12.66

预警级别	土地类型	不同淹没水深的淹没面积 /km²		
		≤0.5 m	>0.5 m	总和
三级	旱田	8.63	6.16	14.79
	城镇用地	0.00	0.00	0.00
	农村居民点	1.11	0.69	1.80
	合计	9.74	6.85	16.59
二级	旱田	6.47	11.84	18.31
	城镇用地	0.00	0.00	0.00
	农村居民点	1.44	1.20	2.64
	合计	7.91	13.04	20.95
一级	旱田	10.18	13.97	24.15
	城镇用地	0.00	0.00	0.00
	农村居民点	2.45	1.44	3.89
	合计	12.63	15.41	28.04

7.1.4.3　洪水对人口和 GDP 的影响

基于 2018 年雄安新区的人口和 GDP 格网化数据，叠加萍河不同级别预警洪水的淹没范围，统计当洪水淹没时长达 48 h 时，雄安新区受洪水影响的人口和 GDP 变化，结果见表 7-8 所示。各级预警洪水对雄安新区的人口和 GDP 影响较小，一级预警洪水淹没情景下，有 3.35 万人受灾，占雄安新区总人口的 2.47%，水深大于 0.5 m 区域的受淹人口比例较多，受淹人口达 2.12 万人；受影响的 GDP 达 4.07 亿元，占雄安新区总 GDP 的 2.19%，水深大于 0.5 m 区域的受影响的 GDP 比例较大，达 2.50 亿元。

表 7-8　萍河不同级别预警洪水 48 h 影响的人口和 GDP

预警级别	不同淹没水深影响的人口 / 万人			受淹人口比例 /%	不同淹没水深影响的GDP/ 亿元			受影响的GDP 比例 /%
	≤0.5 m	>0.5 m	总和		≤0.5 m	>0.5 m	总和	
四级	1.05	0.23	1.28	0.95	1.70	0.54	2.24	1.20
三级	0.87	0.56	1.43	1.06	1.57	1.05	2.62	1.41
二级	1.05	1.41	2.46	1.82	1.30	2.48	3.78	2.03
一级	1.23	2.12	3.35	2.47	1.57	2.50	4.07	2.19

7.1.5　瀑河

7.1.5.1　洪水淹没范围与水深变化

当瀑河徐水国平站以上流域范围24 h面雨量分别达到27 mm、44 mm、78 mm、120 mm（前1 d面雨量≤10 mm）或17 mm、35 mm、73 mm、118 mm（前1 d面雨量>10 mm）时，运行FloodArea二维水动力模型，分别模拟瀑河四级至一级预警洪水对雄安新区的淹没过程，洪水淹没范围随时间的变化过程见图7-18。不同级别预警洪水的淹没过程起始于雄安新区安新县西部与瀑河交界处，河道距离白洋淀较近，洪水快速汇入白洋淀，由于白洋淀的蓄水作用，瀑河洪水对雄安新区的影响范围较小，各级预警洪水淹没范围随淹没时间延长逐渐增大至淹没24 h趋于稳定，约稳定在4 km²左右。

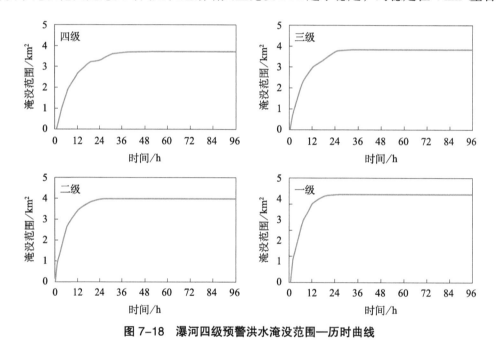

图7-18　瀑河四级预警洪水淹没范围—历时曲线

一级预警洪水淹没情景下，洪水淹没范围在淹没时长达24 h时增大到4 km²，占雄安新区总面积的0.24%，此时平均淹没水深为0.37 m，淹没水深大于0.5 m区域占雄安新区总面积的0.10%；此后洪水淹没范围没有明显变化，但由于白洋淀的蓄水作用，淹没水深逐渐变浅，至淹没96 h，平均淹没水深为0.07 m，最大淹没水深不超过0.5 m（图7-19）。

7.1.5.2　洪水对土地利用的影响

基于2015年雄安新区的土地利用分类图，叠加瀑河不同级别预警洪水的淹没范围，统计当洪水淹没时长达48 h时，雄安新区受洪水影响的土地利用类型及其面积变化，结果见表7-9所示。从表中可以看出，瀑河洪水总体上对雄安新区的影响较小，一级预

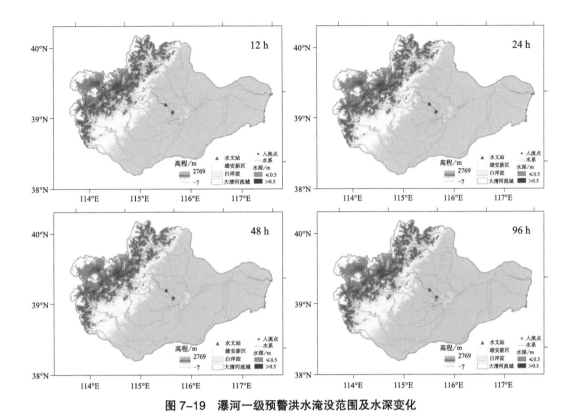

图 7-19 瀑河一级预警洪水淹没范围及水深变化

警洪水淹没情景下，雄安新区受影响的土地利用总面积为 3.62 km²，占雄安新区总面积的 0.20%；其中以旱田为主要受影响地类，受淹面积为 3.07 km²；其次是村居民点，受淹面积仅 0.55 km²，且受淹土地利用均处于水深低于 0.5 m 的区域。

表 7-9 瀑河不同级别预警洪水 48 h 不同土地类型淹没面积

预警级别	土地类型	不同淹没水深的淹没面积 /km²		
		≤0.5 m	>0.5 m	总和
四级	旱田	2.76	0.00	2.76
	城镇用地	0.00	0.00	0.00
	农村居民点	0.56	0.00	0.56
	合计	3.32	0.00	3.32
三级	旱田	2.82	0.00	2.82
	城镇用地	0.00	0.00	0.00
	农村居民点	0.58	0.00	0.58
	合计	3.40	0.00	3.40

续表

预警级别	土地类型	不同淹没水深的淹没面积 /km²		
		≤0.5 m	>0.5 m	总和
二级	旱田	0.00	0.00	0.00
	城镇用地	0.58	0.00	0.58
	农村居民点	3.43	0.00	3.43
	合计	4.01	0.00	4.01
一级	旱田	3.07	0.00	3.07
	城镇用地	0.00	0.00	0.00
	农村居民点	0.55	0.00	0.55
	合计	3.62	0.00	3.62

7.1.5.3　洪水对人口和 GDP 的影响

基于 2018 年雄安新区的人口和 GDP 格网化数据，叠加瀑河不同级别预警洪水的淹没范围，统计当洪水淹没时长达 48 h 时，雄安新区受洪水影响的人口和 GDP 变化，结果见表 7-10 所示。总体来看，瀑河洪水影响的人口和 GDP 比例较小，一级预警洪水淹没情景下，分别有 0.55 万人和 0.51 亿元 GDP 受影响，分别占雄安新区总人口的 0.41% 和总 GDP 的 0.27%，且均处于水深小于 0.5 m 的区域。

表 7-10　瀑河不同级别预警洪水 48 h 影响的人口和 GDP

预警级别	不同淹没水深影响的人口 / 万人			受淹人口比例 /%	不同淹没水深影响的 GDP/ 亿元			受影响的 GDP 比例 /%
	≤0.5 m	>0.5 m	总和		≤0.5 m	>0.5 m	总和	
四级	0.12	0.00	0.12	0.09	0.10	0.00	0.10	0.05
三级	0.12	0.00	0.12	0.09	0.11	0.00	0.11	0.06
二级	0.25	0.00	0.25	0.19	0.24	0.00	0.24	0.13
一级	0.55	0.00	0.55	0.41	0.51	0.00	0.51	0.27

7.1.6　漕河

7.1.6.1　洪水淹没范围与水深变化

当漕河站以上流域范围 24 h 面雨量分别达到 29 mm、41 mm、68 mm、100 mm（前 1 d 面雨量 ≤10 mm）或 19 mm、32 mm、62 mm、97 mm（前 1 d 面雨量 >10 mm）时，运行 FloodArea 二维水动力模型，分别模拟漕河四级至一级预警洪水对雄安新区的淹没过程，洪水淹没范围随时间的变化过程见图 7-20。不同级别预警洪水的淹没过程起始于雄安新区安新县西部与漕河河道交界处，由于漕河在新区的入流点接近白洋淀，洪水进入雄安新区后，很快汇入白洋淀，四级、三级预警洪水总量较小，淹没范围在后期达到了比较稳定的状态；二级、一级预警洪水总量较大，洪水除汇入白洋淀外，一部分向南演进，对安新县部分区域产生了影响。

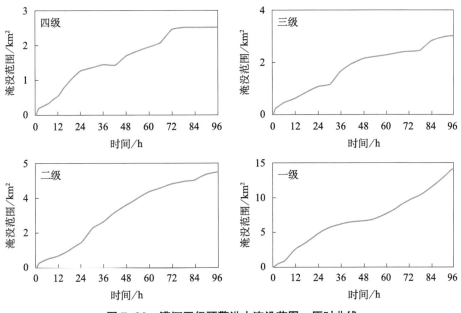

图 7-20　漕河四级预警洪水淹没范围—历时曲线

一级预警洪水淹没情景下，洪水在第 48 h 后淹没速度继续保持较快增长，淹没范围由 7 km² 增大到 96 h 的 14 km²，洪水除一部分入白洋淀外，另一部分继续向南影响到了安新县地势低洼处；由于白洋淀的蓄水作用，洪水的平均淹没水深由 0.18 m 下降至 0.15 m，淹没时长 96 h，淹没水深大于 0.5 m 区域仅占雄安新区总面积的 0.03%（图 7-21）。

7.1.6.2　洪水对土地利用的影响

基于 2015 年雄安新区的土地利用分类图，叠加漕河不同级别预警洪水的淹没范围，统计当洪水淹没时长达 48 h 时，雄安新区受洪水影响的土地利用类型及其面积变化，结果见表 7-11 所示。从表中可以看出，漕河洪水总体上对雄安新区的影响较小，一级预警洪水淹没情景下，雄安新区受洪水影响的土地利用总面积为 6.15 km²，占雄安新区总面积的 0.35%，其中旱田和农村居民点的受淹面积分别为 4.80 km² 和 1.35 km²，且大部分受淹土地利用类型均在水深低于 0.5 m 的区域。

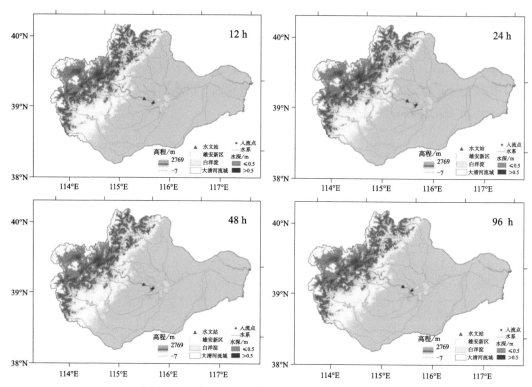

图 7-21　漕河一级预警洪水淹没范围及水深变化

表 7-11　漕河不同级别预警洪水 48 h 不同土地类型淹没面积

预警级别	土地类型	不同淹没水深的淹没面积 /km²		
		≤0.5 m	>0.5 m	总和
四级	旱田	1.28	0.03	1.31
	城镇用地	0.00	0.00	0.00
	农村居民点	0.19	0.00	0.19
	合计	1.47	0.03	1.50
三级	旱田	1.51	0.03	1.54
	城镇用地	0.00	0.00	0.00
	农村居民点	0.43	0.00	0.43
	合计	1.94	0.03	1.97
二级	旱田	2.33	0.32	2.65
	城镇用地	0.00	0.00	0.00
	农村居民点	0.65	0.04	0.69
	合计	2.98	0.36	3.34

续表

预警级别	土地类型	不同淹没水深的淹没面积 /km²		
		≤0.5 m	>0.5 m	总和
一级	旱田	4.12	0.68	4.80
	城镇用地	0.00	0.00	0.00
	农村居民点	1.08	0.27	1.35
	合计	5.20	0.95	6.15

7.1.6.3 洪水对人口和 GDP 的影响

基于 2018 年雄安新区的人口和 GDP 格网化数据,叠加漕河不同级别预警洪水的淹没范围,统计当洪水淹没时长达 48 h 时,雄安新区受洪水影响的人口和 GDP 变化,结果见表 7-12 所示。总体来看,漕河洪水影响的人口和 GDP 比例较小,一级预警洪水淹没情景下,分别有 0.51 万人和 0.54 亿元 GDP 受影响,分别占雄安新区总人口的 0.38% 和总 GDP 的 0.29%,且大部分位于水深小于 0.5 m 的区域。

表 7-12 漕河不同级别预警洪水 48 h 影响的人口和 GDP

预警级别	不同淹没水深影响的人口 / 万人			受淹人口比例 /%	不同淹没水深影响的GDP/ 亿元			受影响的GDP 比例 /%
	≤0.5 m	>0.5 m	总和		≤0.5 m	>0.5 m	总和	
四级	0.19	0.00	0.19	0.14	0.23	0.00	0.23	0.12
三级	0.27	0.00	0.27	0.20	0.34	0.00	0.34	0.18
二级	0.36	0.00	0.36	0.27	0.48	0.00	0.48	0.26
一级	0.50	0.01	0.51	0.38	0.53	0.01	0.54	0.29

7.1.7 府河

7.1.7.1 洪水淹没范围与水深变化

当府河东安站以上流域范围 24 h 面雨量分别达到 29 mm、41 mm、68 mm、100 mm(前 1 d 面雨量≤10 mm)或 19 mm、32 mm、62 mm、97 mm(前 1 d 面雨量>10 mm)时,运行 FloodArea 二维水动力模型,分别模拟府河四级至一级预警洪水对雄安新区的淹没过程,洪水淹没范围随时间的变化过程见图 7-22。不同级别预警洪水的淹没过程起始于雄安新区安新县西部与府河河道交界处,随淹没时间的推移,洪水一部分向北汇入白洋淀,另一部分向东淹没了安新县部分区域,各级预警洪水在第 48 h 后淹没速度放缓。

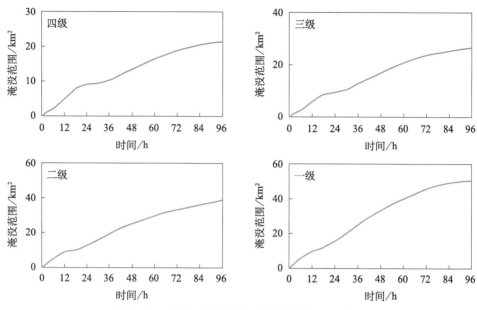

图 7-22 府河四级预警洪水淹没范围—历时曲线

一级预警洪水淹没情景下，洪水淹没范围在淹没时长达 48 h 时增大到 33 km²，占雄安新区总面积的 1.88%，此时平均淹没水深为 0.20 m，淹没水深大于 0.5 m 的区域占雄安新区总面积的 0.19%；由于白洋淀的蓄水作用，随着时间的推移，洪水淹没速度放缓，第 96 h 淹没范围为 51 km²，占雄安新区总面积的 2.87%，平均淹没水深为 0.11 m，淹没水深大于 0.5 m 的区域明显减少，仅占雄安新区总面积的 0.01%（图 7-23）。

7.1.7.2 洪水对土地利用的影响

基于 2015 年雄安新区的土地利用分类图，叠加府河不同级别预警洪水的淹没范围，统计当洪水淹没时长达 48 h 时，雄安新区受洪水影响的土地利用类型及其面积变化，结果见表 7-13 所示。从表中可以看出，雄安新区受府河洪水影响的土地利用面积较小，一级预警洪水淹没情景下，雄安新区受淹土地利用类型总面积为 32.88 km²，占雄安新区总面积的 1.86%，旱田和农村居民点是受洪水影响的主要土地利用类型，受淹面积分别为 29.78 km² 和 3.10 km²。

7.1.7.3 洪水对人口和 GDP 的影响

基于 2018 年雄安新区的人口和 GDP 格网化数据，叠加府河不同级别预警洪水的淹没范围，统计当洪水淹没时长达 48 h 时，雄安新区受洪水影响的人口和 GDP 变化，结果见表 7-14 所示。总体来看，府河洪水对雄安新区的人口和 GDP 影响不大，受影响人口和 GDP 比重不超过 2%。一级预警洪水淹没情景下，分别有 2.38 万人和 2.77 亿元 GDP 受影响，分别占雄安新区总人口的 1.76% 和总 GDP 的 1.49%，且大部分位于水深小于 0.5 m 的区域。

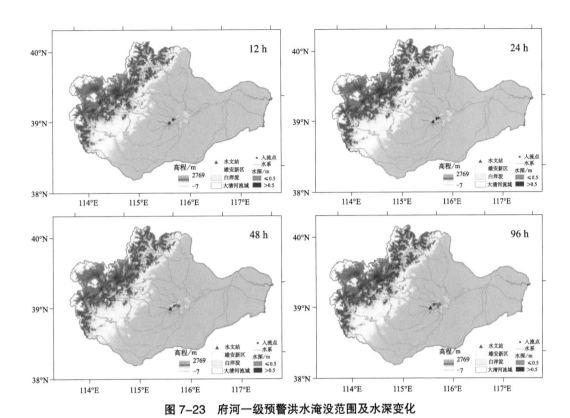

图 7-23　府河一级预警洪水淹没范围及水深变化

表 7-13　府河不同级别预警洪水 48 h 不同土地类型淹没面积

预警级别	土地类型	不同淹没水深的淹没面积 /km²		
		≤0.5 m	>0.5 m	总和
四级	旱田	11.46	0.10	11.56
	城镇用地	0.00	0.00	0.00
	农村居民点	1.90	0.00	1.90
	合计	13.36	0.10	13.46
三级	旱田	14.76	0.09	14.85
	城镇用地	0.00	0.00	0.00
	农村居民点	2.17	0.00	2.17
	合计	16.93	0.09	17.02
二级	旱田	21.90	0.82	22.72
	城镇用地	0.00	0.00	0.00
	农村居民点	2.20	0.56	2.76
	合计	24.10	1.38	25.48

预警级别	土地类型	不同淹没水深的淹没面积 /km²		
		≤0.5 m	>0.5 m	总和
一级	旱田	27.00	2.78	29.78
	城镇用地	0.00	0.00	0.00
	农村居民点	2.55	0.55	3.10
	合计	29.55	3.33	32.88

表 7-14　府河不同级别预警洪水 48 h 影响的人口和 GDP

预警级别	不同淹没水深影响的人口 / 万人			受淹人口比例 /%	不同淹没水深影响的GDP/ 亿元			受影响的GDP 比例 /%
	≤0.5 m	>0.5 m	总和		≤0.5 m	>0.5 m	总和	
四级	1.29	0.00	1.29	0.96	1.45	0.00	1.45	0.78
三级	1.38	0.00	1.38	1.30	1.62	0.00	1.62	0.87
二级	1.61	0.28	1.89	1.40	1.83	0.33	2.16	1.16
一级	2.20	0.18	2.38	1.76	2.56	0.21	2.77	1.49

7.1.8　清水河

7.1.8.1　洪水淹没范围与水深变化

当清水河北辛店站以上流域范围 24 h 面雨量分别达到 30 mm、53 mm、94 mm、146 mm（前 1 d 面雨量≤10 mm）或 22 mm、38 mm、68 mm、104 mm（前 1 d 面雨量＞10 mm）时，运行 FloodArea 二维水动力模型，分别模拟清水河四至一级预警洪水对雄安新区的淹没过程，洪水淹没范围随时间的变化过程见图 7-24。不同级别预警洪水的淹没过程起始于雄安新区安新县西南部与清水河交界处，沿河道逐渐向东部白洋淀演进，淹没白洋淀以西安新县大部分区域并汇入白洋淀，各级预警洪水在大约淹没时长 24 h 后淹没速度放缓。

一级预警洪水淹没情景下，洪水淹没范围在淹没时长达 24 h 时快速增大到 63 km²，占雄安新区总面积的 3.58%，此时平均淹没水深为 0.64 m，淹没水深大于 0.5 m 的区域面积占比为 2.17%；此后洪水演进速度放缓，第 96 h 淹没范围为 130 km²，占雄安新区总面积的 7.36%，且由于白洋淀的蓄水作用，平均淹没水深下降明显，为 0.36 m，淹没水深大于 0.5 m 的区域占雄安新区总面积的 2.85%（图 7-25）。

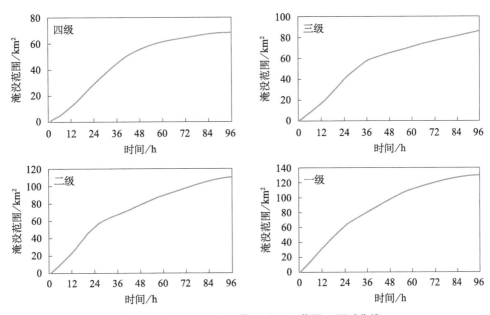

图 7-24 清水河四级预警洪水淹没范围—历时曲线

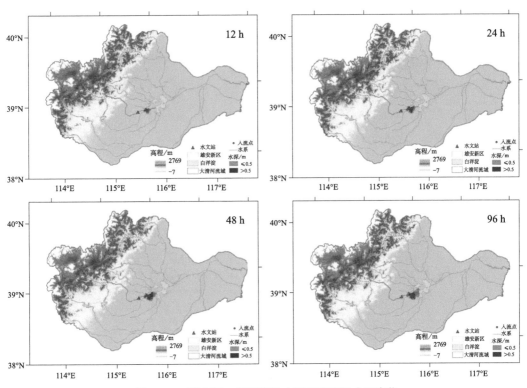

图 7-25 清水河一级预警洪水淹没范围及水深变化

7.1.8.2 洪水对土地利用的影响

基于 2015 年雄安新区的土地利用分类图，叠加清水河不同级别预警洪水的淹没范围，统计当洪水淹没时长达 48 h 时，雄安新区受洪水影响的土地利用类型及其面积变化，结果见表 7-15 所示。从表中可以看出，雄安新区受洪水影响的土地利用类型主要为旱田和农村居民点。一级预警洪水淹没情景下，受淹土地利用类型总面积为 95.57 km²，占雄安新区总面积的 5.40%，旱田和农村居民点的受淹面积分别为 86.28 km² 和 9.29 km²，且大部分受淹土地利用类型位于水深大于 0.5 m 的区域。

表 7-15   清水河不同级别预警洪水 48 h 不同土地类型淹没面积

预警级别	土地类型	不同淹没水深的淹没面积 /km²		
		≤0.5 m	>0.5 m	总和
四级	旱田	47.79	1.41	49.20
	城镇用地	0.00	0.00	0.00
	农村居民点	4.58	0.24	4.82
	合计	52.37	1.65	54.02
三级	旱田	56.02	2.23	58.25
	城镇用地	0.00	0.00	0.00
	农村居民点	5.11	0.63	5.74
	合计	61.13	2.86	63.99
二级	旱田	43.36	26.06	69.42
	城镇用地	0.00	0.00	0.00
	农村居民点	4.19	3.04	7.23
	合计	47.55	29.10	76.65
一级	旱田	32.44	53.84	86.28
	城镇用地	0.00	0.00	0.00
	农村居民点	4.44	4.85	9.29
	合计	36.88	58.69	95.57

7.1.8.3 洪水对人口和 GDP 的影响

基于 2018 年雄安新区的人口和 GDP 格网化数据，叠加清水河不同级别预警洪水的淹没范围，统计当洪水淹没时长达 48 h 时，雄安新区受洪水影响的人口和 GDP 变化，结果见表 7-16 所示。清水河一级预警洪水淹没情景下，雄安新区分别有 3.26 万人和 5.82 亿元 GDP 受影响，分别占雄安新区总人口的 2.41% 和总 GDP 的 3.12%，且大部分人口和 GDP 位于水深小于 0.5 m 的区域。

表 7-16　清水河不同级别预警洪水 48 h 影响的人口和 GDP

预警级别	不同淹没水深影响的人口 / 万人			受淹人口比例 /%	不同淹没水深影响的 GDP/ 亿元			受影响的 GDP 比例 /%
	≤0.5 m	>0.5 m	总和		≤0.5 m	>0.5 m	总和	
四级	1.52	0.01	1.53	1.13	2.77	0.02	2.79	1.50
三级	1.96	0.03	1.99	1.47	3.42	0.05	3.47	1.87
二级	1.64	0.80	2.44	1.87	2.58	1.56	4.14	2.23
一级	2.20	1.06	3.26	2.41	3.18	2.64	5.82	3.12

7.1.9　孝义河

7.1.9.1　洪水淹没范围与水深变化

当孝义河东方机站以上流域范围 24 h 面雨量分别达到 30 mm、53 mm、94 mm、146 mm（前 1 d 面雨量≤10 mm）或 22 mm、38 mm、68 mm、104 mm（前 1 d 面雨量＞10 mm）时，运行 FloodArea 二维水动力模型，分别模拟孝义河四级至一级预警洪水对雄安新区的淹没过程，洪水淹没范围随时间的变化过程见图 7-26。不同级别预警洪水的淹没过程起始于雄安新区安新县南部与孝义河河道交界处，距离白洋淀较近，一部分洪水向北流入白洋淀，另一部分流向西北部，影响安新县地势较低区域，各级预警洪水在淹没时长 48 h 之前淹没速度较快，之后放缓。

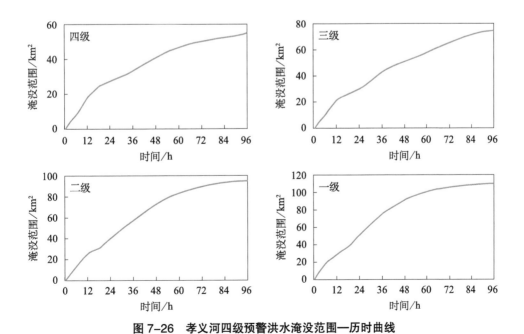

图 7-26　孝义河四级预警洪水淹没范围—历时曲线

一级预警洪水淹没情景下，洪水淹没范围在淹没时长达 48 h 时快速增大到 91 km²，占雄安新区总面积的 5.13%，此时平均淹没水深为 0.26 m，淹没水深大于 0.5 m 的区域占雄安新区总面积的 1.34%；第 96 h 淹没范围为 110 km²，占雄安新区总面积的 6.21%，平均淹没水深为 0.17 m，由于白洋淀的蓄水作用，淹没水深大于 0.5 m 的区域明显减少，仅占雄安新区总面积的 0.02%（图 7-27）。

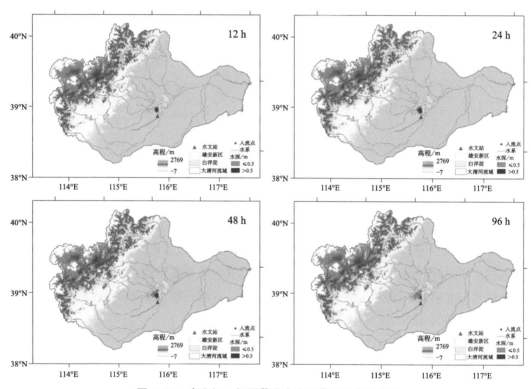

图 7-27 孝义河一级预警洪水淹没范围及水深变化

7.1.9.2 洪水对土地利用的影响

基于 2015 年雄安新区的土地利用分类图，叠加孝义河不同级别预警洪水的淹没范围，统计当洪水淹没时长达 48 h，雄安新区受洪水影响的土地利用类型及其面积变化，结果见表 7-17 所示。从表中可以看出，雄安新区受孝义河洪水影响的土地利用类型主要为旱田和农村居民点，一级预警洪水淹没情景下，受淹土地利用总面积为 88.55 km²，占雄安新区总面积的 5.00%，旱田和农村居民点的受淹面积分别为 82.67 km² 和 5.88 km²，且大部分受淹土地位于水深低于 0.5 m 的区域。

7.1.9.3 洪水对人口和 GDP 的影响

基于 2018 年雄安新区的人口和 GDP 格网化数据，叠加孝义河不同级别预警洪水的淹没范围，统计当洪水淹没时长达 48 h 时，雄安新区受洪水影响的人口和 GDP 变化，结果见表 7-18 所示。一级预警洪水淹没情景下，雄安新区分别有 4.13 万人和 5.87 亿元 GDP 受影响，分别占雄安新区总人口的 3.06% 和总 GDP 的 3.15%，且大部分人口和 GDP 位于水深小于 0.5 m 的区域。

表 7-17　孝义河不同级别预警洪水 48 h 不同土地类型淹没面积

预警级别	土地类型	不同淹没水深的淹没面积 /km²		
		≤0.5 m	>0.5 m	总和
四级	旱田	37.07	0.03	37.10
	城镇用地	0.00	0.00	0.00
	农村居民点	2.30	0.00	2.30
	合计	39.37	0.03	39.40
三级	旱田	46.02	0.17	46.19
	城镇用地	0.00	0.00	0.00
	农村居民点	2.87	0.00	2.87
	合计	48.89	0.17	49.06
二级	旱田	58.87	8.47	67.34
	城镇用地	0.00	0.00	0.00
	农村居民点	3.08	0.40	3.48
	合计	61.95	8.87	70.82
一级	旱田	61.37	21.30	82.67
	城镇用地	0.00	0.00	0.00
	农村居民点	4.56	1.32	5.88
	合计	65.93	22.62	88.55

表 7-18　孝义河不同级别预警洪水 48 h 影响的人口和 GDP

预警级别	不同淹没水深影响的人口 / 万人			受淹人口比例 /%	不同淹没水深影响的 GDP/ 亿元			受影响的 GDP 比例 /%
	≤0.5 m	>0.5 m	总和		≤0.5 m	>0.5 m	总和	
四级	0.82	0.00	0.82	0.61	1.51	0.00	1.51	0.81
三级	0.77	0.00	0.77	0.57	1.65	0.00	1.65	0.89
二级	1.30	0.17	1.47	1.09	2.29	0.42	2.71	1.46
一级	3.06	1.07	4.13	3.06	4.51	1.36	5.87	3.15

7.1.10　潴龙河

7.1.10.1　洪水淹没范围与水深变化

当潴龙河北郭村站以上流域范围 24 h 面雨量分别达到 31 mm、63 mm、92 mm、160 mm（前 1 d 面雨量≤10 mm）或 20 mm、54 mm、87 mm、160 mm（前 1 d 面雨量>10 mm）时，运行 FloodArea 二维水动力模型，分别模拟潴龙河四级至一级预警洪水对雄安新区的淹没过程，洪水淹没范围随时间的变化过程见图 7-28。不同级别预警洪水的淹没过程起始于雄安新区南部与潴龙河河道交界处，洪水进入雄安新区后，一部分直接向北汇入白洋淀，一部分流向东北东南方向演进，各级预警洪水大约在淹没时长达 24 h 后淹没速度放缓，淹没范围达到比较稳定状态，但总体上淹没范围不大，一级预警洪水最大淹没范围仅 29 km²。

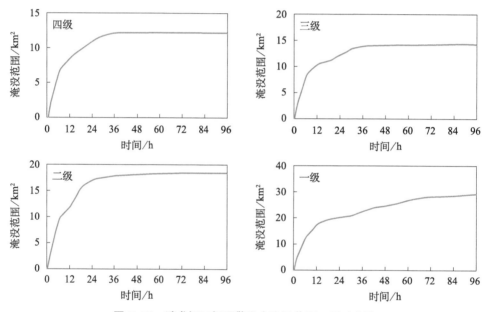

图 7-28　潴龙河四级预警洪水淹没范围—历时曲线

一级预警洪水淹没情景下，洪水淹没范围在淹没时长达 24 h 时增大到 20 km²，占雄安新区总面积的 1.14%，此时平均淹没水深为 0.9 m，淹没水深大于 0.5 m 的区域占雄安新区总面积的 0.83%；由于进入雄安新区的洪水大部分直接汇入了白洋淀，因此在雄安新区的淹没影响范围有限，第 96 h 淹没范围为仅为 29 km²，占雄安新区总面积的 1.65%，平均淹没水深为 0.17 m，淹没水深大于 0.5 m 的区域占雄安新区总面积的 0.10%（图 7-29）。

7.1.10.2　洪水对土地利用的影响

基于 2015 年雄安新区的土地利用分类图，叠加潴龙河不同级别预警洪水的淹没范

围，统计当洪水淹没时长达 48 h 雄安新区受潴龙河洪水影响的土地利用类型及其面积
变化，结果见表 7-19 所示。从表中可以看出，雄安新区受潴龙河洪水影响的土地利用
类型主要为旱田和农村居民点。一级预警洪水淹没情景下，雄安新区受淹土地利用类型
总面积为 22.98 km²，占雄安新区总面积的 1.30%，旱田和农村居民点的受淹面积分别
为 21.56 km² 和 1.42 km²，且大部分受淹土地位于水深低于 0.5 m 的区域。

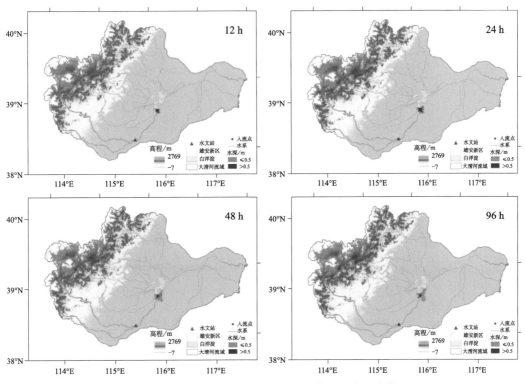

图 7-29 潴龙河一级预警洪水淹没范围及水深变化

表 7-19 潴龙河不同级别预警洪水 48 h 不同土地类型淹没面积

预警级别	土地类型	不同淹没水深的淹没面积 /km²		
		≤0.5 m	>0.5 m	总和
四级	旱田	7.85	3.33	11.18
	城镇用地	0.00	0.00	0.00
	农村居民点	0.60	0.19	0.79
	合计	8.45	3.52	11.97
三级	旱田	9.40	3.44	12.84
	城镇用地	0.00	0.00	0.00
	农村居民点	0.72	0.23	0.95
	合计	10.12	3.67	13.79

预警级别	土地类型	不同淹没水深的淹没面积 /km²		
		≤0.5 m	>0.5 m	总和
二级	旱田	11.51	4.90	16.41
	城镇用地	0.00	0.00	0.00
	农村居民点	0.85	0.26	1.11
	合计	12.36	5.16	17.52
一级	旱田	16.13	5.43	21.56
	城镇用地	0.00	0.00	0.00
	农村居民点	1.15	0.27	1.42
	合计	17.28	5.70	22.98

7.1.10.3 洪水对人口和 GDP 的影响

基于 2018 年雄安新区的人口和 GDP 格网化数据，叠加潴龙河不同级别预警洪水的淹没范围，统计当洪水淹没时长达 48 h 时，雄安新区受洪水影响的人口和 GDP 变化，结果见表 7-20 所示。一级预警洪水淹没情景下，分别有 1.08 万人和 1.50 亿元 GDP 受影响，分别占雄安新区总人口的 0.80% 和总 GDP 的 0.80%，且大部分人口和 GDP 位于水深小于 0.5 m 的区域。

表 7-20   潴龙河不同级别预警洪水 48 h 影响的人口和 GDP

预警级别	不同淹没水深影响的人口 / 万人			受淹人口比例 /%	不同淹没水深影响的 GDP/ 亿元			受影响的 GDP 比例 /%
	≤0.5 m	>0.5 m	总和		≤0.5 m	>0.5 m	总和	
四级	0.47	0.07	0.54	0.40	0.66	0.15	0.81	0.44
三级	0.51	0.07	0.58	0.43	0.74	0.15	0.89	0.48
二级	0.52	0.08	0.60	0.44	0.76	0.18	0.94	0.51
一级	1.03	0.05	1.08	0.80	1.37	0.13	1.50	0.80

7.1.11 多支流遭遇风险评估

研究区自新中国成立以来，大清河流域发生过 "63·8" "96·8" "12·7" "16·8" 等强降水过程，其中以 "63·8" 强降水过程造成的影响最为严重，暴雨强度达 50 a 一遇，且流域多条支流同时发生强降水过程。以 "63·8" 大清河流域强降水过程为案例，模拟多支流强降水过程对雄安新区造成的淹没范围和淹没水深变化，叠加当前和未来的社会经济信息，评估流域多支流遭遇强降水过程对雄安新区的影响与风险。

7.1.11.1　支流遭遇洪水的淹没范围与水深变化

1963 年 8 月 2—13 日，大清河系普降大雨，持续时间 12 d，暴雨总量达 165.3 亿 m³。雄安新区上游各支流的降雨径流关系见图 7-30，各支流降雨和径流均呈单峰特征，降水峰值集中在 8 月 8—9 日，径流峰值集中在 8 月 9—10 日。采用入流处洪水量 Hydrograph 输入 FloodArea 模型，各支流入流点的位置见图 7-31，模拟时长设为 96 h，洪水的演进过程分别见图 7-32～图 7-33。

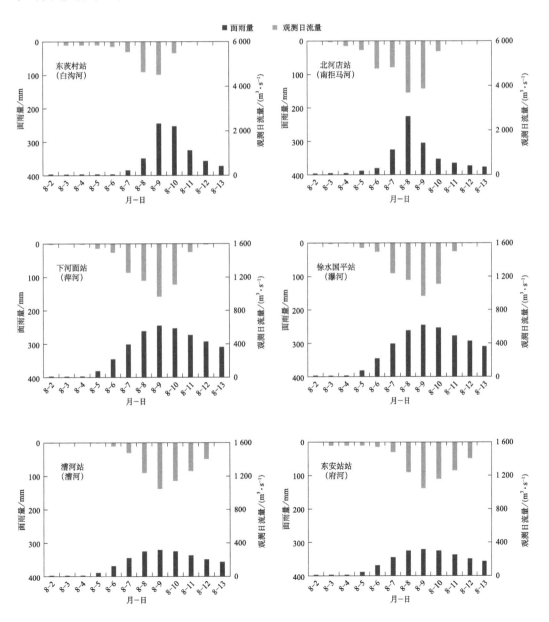

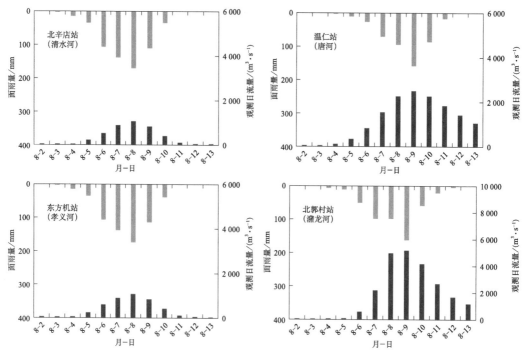

图 7-30   大清河各支流降水—径流关系

从图 7-32 洪水淹没范围—历时曲线可知，雄安新区从开始受淹至淹没 72 h，洪水的演进速度很快，淹没范围从 0 km² 快速达到 704 km²，此后洪水演进速度放缓，淹没范围缓慢增加至 781 km²。从图 7-33 中不同历时洪水对雄安新区的淹没范围和水深变化来看，随着时间的推移，洪水由各入流点呈扇形扩张、演进并交汇。分支流看，北支白沟河与拒马河来水在雄安新区边界处汇合，一部分向南推进流入白洋淀，另一部分向东南推进淹没雄县大部分区域，并沿大清河干流向下游流出雄安新区；南支瀑河、漕河、清水河、唐河与潴龙河来水随着时间的推移迅速在雄安新区内汇合，淹没安新县，进入白洋淀，并与北支来水交汇。洪水在第 24 h 的淹没范围为 221 km²，平均淹没水深为 0.87 m，淹没水深大于 0.5 m 的区域占总淹没范围的 66.48%；至 48 h 的淹没范围为 458 km²，平均淹没水深达 1.19 m，淹没水深大于 0.5 m 的区域占总淹没范围的 76.19%；至 72 h 的淹没范围为 704 km²，平均淹没水深达 1.08 m，淹没水深大于 0.5 m 的区域占总淹没范围的 71.03%；到 96 h，淹没范围达 781 km²，平均淹没水深为 0.97 m，淹没水深大于 0.5 m 的区域占比为 65.78%。

7.1.11.2   多支流遭遇洪水对土地利用的影响与风险

基于 2015 年雄安新区的土地利用分类图和 2035 年雄安新区土地利用规划，叠加多支流遭遇洪水的淹没范围，统计当洪水淹没时长达 48 h 时，雄安新区受洪水影响的土地利用类型及其面积变化，结果见表 7-21 所示。雄安新区受洪水影响的土地利用类型

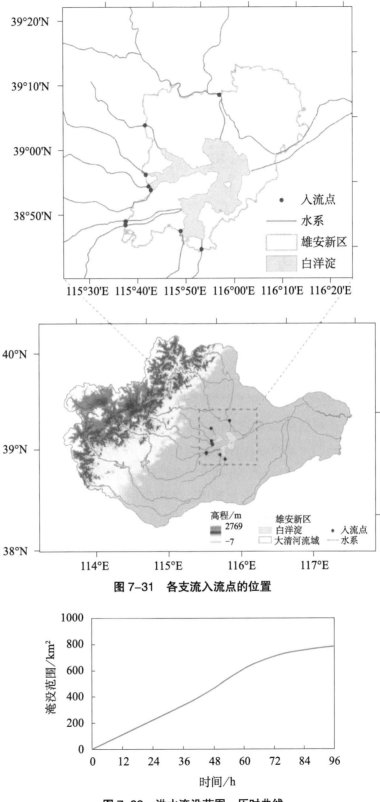

图 7-31 各支流入流点的位置

图 7-32 洪水淹没范围—历时曲线

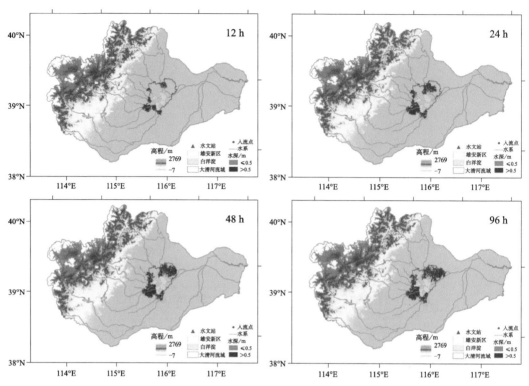

图 7-33　多支流遭遇洪水对雄安新区的淹没范围及水深变化

主要为耕地和城乡工矿居民用地，其中以耕地受淹面积最大。2015 年土地利用情景下，雄安新区受洪水影响的土地利用总面积达 441.38 km²，其中耕地和城乡工矿居民用地面积分别为 386.95 km² 和 54.43 km²，分别占雄安新区总面积的 21.86% 和 3.08%；2035 年土地利用情景下，雄安新区受淹土地利用总面积较 2015 年减小，为 224.36 km²，其中受影响耕地和城乡工矿居民用地面积分别为 140.09 km² 和 84.27 km²，分别占雄安新区总面积的 7.91% 和 4.76%。无论是 2015 年还是未来 2035 年情景，均表现为水深大于 0.5 m 的土地利用面积较大，且都以耕地受淹比例最大。

表 7-21　多支流遭遇洪水 48 h 不同土地类型淹没面积

年份 / 年	土地类型	不同淹没水深的淹没面积 /km²			受淹面积比例 /%
		≤0.5 m	>0.5 m	总和	
2015	耕地	86.80	300.15	386.95	21.86
	城乡工矿居民用地	17.63	36.80	54.43	3.08
	合计	104.43	336.95	441.38	24.94
2035	耕地	28.99	111.10	140.09	7.91
	城乡工矿居民用地	22.44	61.83	84.27	4.76
	合计	51.43	172.93	224.36	12.67

7.1.11.3　多支流遭遇洪水对人口和 GDP 的影响与风险

基于 2018 年和 2035 年雄安新区人口和 GDP 格网化数据，叠加多支流遭遇洪水的淹没范围，统计当洪水淹没时长达 48 h 时，雄安新区受洪水影响的人口数量和 GDP 变化，结果见表 7-22 所示。从表中可以看出，由于 2035 年雄安新区人口和 GDP 较 2018 年有较大幅度增长，受影响人口和 GDP 在 2035 年也较 2018 年显著增多，受影响人口由 2018 年的 30.84 万人增加到 2035 年的 175.47 万人，GDP 由 45.78 亿元增加到 1284.07 亿元，且都以淹没水深大于 0.5 m 的范围内受影响的人口和 GDP 居多。

表 7-22　多支流遭遇洪水 48 h 影响的人口和 GDP

年份	不同淹没水深影响的人口 / 万人			受淹人口比例 /%	不同淹没水深影响的GDP/ 亿元			受影响的 GDP 比例 /%
	≤0.5 m	>0.5 m	总和		≤0.5 m	>0.5 m	总和	
2018	9.09	21.75	30.84	22.85	11.71	34.07	45.78	24.61
2035	38.63	136.84	175.47	30.84	282.69	1001.38	1284.07	30.84

7.2　变化环境下洪水灾害风险评估

7.2.1　致灾因子危险性评估

洪水灾害致灾因子危险性采用最大连续 3 d 降水量对雄安新区造成的淹没面积和淹没水深为评估指标。首先，统计研究区 1961—2017 年最大连续 3 d 降水量达 335 mm，降雨频率为 200 a 一遇。其次，采用经过参数校验的 HBV 水文模型，模拟雄安新区上游各支流最大连续 3 d 降水量产生的流量，以此流量作为各河道溃口点流量输入 FloodArea 水动力模型，模拟时长为 96 h 的雄安新区洪水淹没范围和淹没水深，评估洪水致灾因子危险性。洪水演进过程见图 7-34～图 7-35。

从图 7-34 洪水淹没范围—历时曲线可知，雄安新区从开始受淹至淹没 48 h，洪水的演进速度很快，淹没范围从 0 km² 快速达到 870 km²，此后洪水演进速度放缓，至 96 h，淹没范围缓慢增加至 1140 km²，此后淹没范围基本维持不变。从图 7-35 不同历时洪水对雄安新区的淹没范围和水深变化来看，随着时间的推移，洪水由各入流点呈扇形扩张、演进并交汇。至 96 h，除雄安新区西北部容城县地势较高处未受洪水影响外，其他地区均受淹。分支流看，北支白沟河与拒马河来水在雄安新区边界处汇合，一部分向南推进流入白洋淀，另一部分向东南推进淹没雄县大部分区域，并沿大清河干流向下游流出雄安新区；南支瀑河、漕河、清水河、唐河与潴龙河来水随着时间的推移迅速在雄安新区内汇合，淹没安新县，进入白洋淀，并与北支来水交汇。洪水在第 48 h 的淹没范围为 870 km²，平均淹没水深为 1.10 m，淹没水深大于 0.5 m 的区域占总淹没范围的 76.52%；到 96 h，淹没范围达 1140 km²，平均淹没水深为 1.11 m，淹没水深大于 0.5 m 的区域占比为 73.23%。

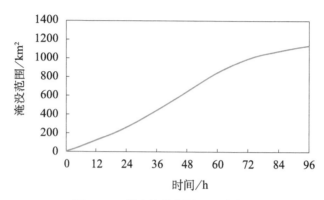

图 7-34　洪水淹没范围—历时曲线

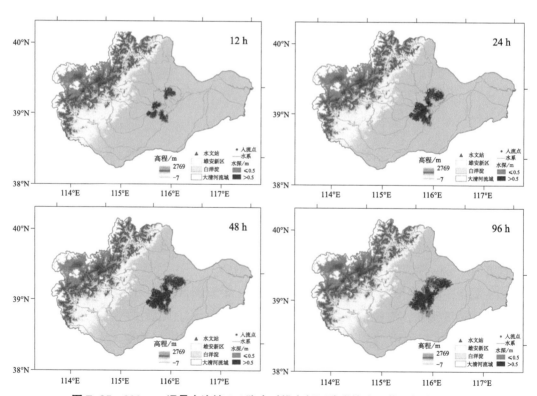

图 7-35　200 a 一遇最大连续 3 d 降水对雄安新区造成的淹没范围与水深变化

7.2.2　暴露度评估

结合未来雄安新区 2035 年规划土地利用分布以及人口和经济预估结果，叠加洪水淹没范围和水深，即可得到不同承灾体的暴露度，分别见图 7-36～图 7-37。

根据《河北雄安新区规划纲要（2018—2035 年）》，2035 年，雄安新区的主要土地利用类型为耕地、林地、居住区和水域，其中，耕地和居住区直接受暴雨灾害影响，两种土地利用类型受洪水影响面积分别达 237 km^2 和 119 km^2，分别占各自用地面积的 58.91% 和 43.44%。耕地的主要暴露区集中分布在地势较低的安新县唐河入白洋淀河道周边区域，居住区的主要暴露范围位于雄安新区起步区东南部以及雄县境内（图7-36）。

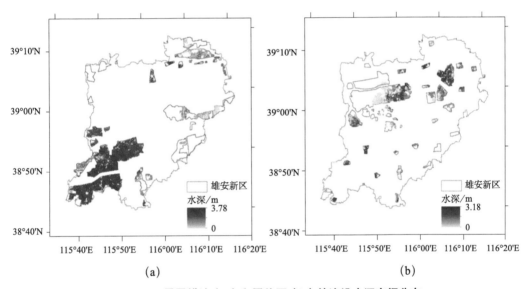

图 7-36　暴露耕地（a）和居住区（b）的淹没水深空间分布

2035 年，雄安新区总人口约为 502 万人，GDP 总量约为 4160 亿元。当发生 200 a一遇最大连续 3 d 降水事件时，雄安新区约有 50.38% 的人口和 GDP 遭受洪水灾害影响。人口与 GDP 的暴露度空间分布基本一致，高暴露度区域主要集中在雄安新区起步区东南部以及雄县境内，此区域内人口密度和地均 GDP 较高；安新县虽然受洪水影响范围较大，但人口密度和地均 GDP 较低，总体的人口和 GDP 暴露度相对较低（图 7-37）。

7.2.3　脆弱性评估

脆弱性指受到不利影响的倾向或习性，包括灾害损失的敏感性或易受伤害性，以及缺乏应对和适应的能力。根据河北省 1984 年以来的暴雨洪水直接经济损失和最大连续3 d 降水量，建立脆弱性曲线（具体方法详见 4.8 节）。

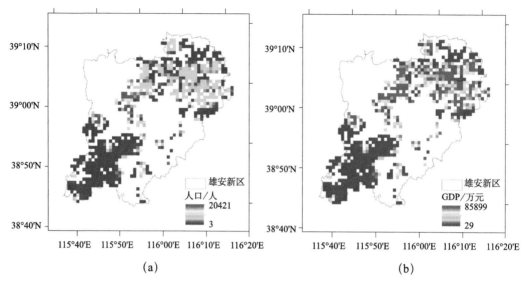

(a)   (b)

图 7-37 人口（a）和 GDP（b）的暴露度空间分布

根据脆弱性曲线，结合 7.2.2 节中评估的暴露 GDP 价值，计算 GDP 的损失，结果如图 7-38 所示。GDP 损失较大的区域主要分布在雄安新区东北部的雄县，西南部的安新县居住区分布较为集中，且直接受到南拒马河和白沟河来水的影响，因此 GDP 损失较大的区域主要分布在雄县；安新县虽然受瀑河、漕河、清水河、唐河与潴龙河等多支河流来水影响，但由于居住区少，耕地多，所以 GDP 损失较小。

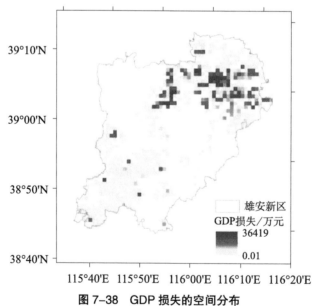

图 7-38 GDP 损失的空间分布

7.2.4　风险评估

灾害风险可以定义为一定概率下灾害造成的破坏或损失，其表达式为：

$$R = F \times E \times L_R \tag{7.1}$$

式中，R 表示经济损失风险；F 表示洪水致灾事件发生的概率；E 表示暴露在致灾事件范围内的经济总量；L_R 为损失率。

以 200 a 一遇最大连续 3 d 降水量为灾害风险致灾因子。基于 5 个全球气候模式 SSP2-4.5 情景下 3 d 最大降水量的中位数，采用广义极值分布（Generalized Extreme Value，GEV）函数，统计未来 200 a 一遇 3 d 最大降水量的发生概率为 0.67%，频率达 150 a 一遇。

根据风险评估模型，基于灾害发生概率与 2035 年 GDP 损失数据，计算雄安新区暴雨洪水的经济损失风险，并进行标准化处理，结果如图 7-39 所示。从图中可以看出洪水风险较高的区域主要集中在雄县境内，这是因为雄县地势较低，同时受到白沟河和南拒马河来水影响，且区域内居住区分布较为集中，GDP 暴露度高，经济损失较大；雄安新区起步区东南部地势较低且地均 GDP 也较高，经济损失风险较高；安新县以耕地为主，地均 GDP 较低，洪水风险较低。未来雄安新区应多关注大清河北支来水的影响，警惕其可能造成的洪涝风险；同时南支导致新区内大面积耕地被淹的情况也需予以重视。

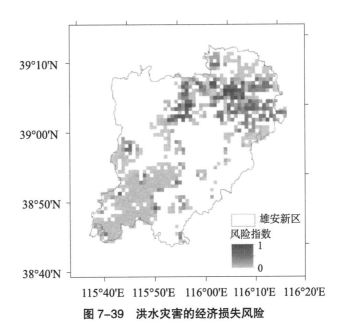

图 7-39　洪水灾害的经济损失风险

7.3 小结

本章采用 FloodArea 二维水动力模型，基于气象观测数据，模拟了雄安新区上游 10 条中小河流分级预警洪水 96 h 的淹没过程，并结合雄安新区 2018 年的人口经济数据以及 2015 年的土地利用信息，评估了不同中小河流分级预警洪水对雄安新区的社会经济影响；以"63·8"大清河流域强降水过程为案例，模拟雄安新区上游多支流强降水过程对雄安新区造成的淹没范围和淹没水深变化，叠加 2015 年和 2035 年的社会经济信息，评估流域多支流遭遇强降水过程对雄安新区的影响与风险；考虑未来气候变化条件下不同重现期降水造成的雄安新区淹没面积和淹没水深变化，通过叠加未来雄安新区的人口经济和土地利用变化信息，评估不同承灾体的暴露度，结合历史灾情数据和未来社会经济发展，构建直接经济损失和致灾因子强度脆弱性曲线，定量评估承灾体损失，预估洪水灾害风险。主要结论为：

（1）无论是影响面积、影响人口还是影响的 GDP，10 条支流中以南拒马河洪水对雄安新区的影响最大，其次是白沟河，此两条支流在一级预警洪水情景下，将使雄安新区 11% 以上的土地面积和 12% 以上的人口与 GDP 受影响；影响最小的是漕河和瀑河，一级预警洪水情景下，仅有不到 0.4% 的土地利用面积和 0.6% 以下的人口与 GDP 受影响。

（2）相比 2015 年，雄安新区在 2035 年受多支流强降水影响的土地利用总面积减少，但城乡建设用地面积增大，受影响人口和 GDP 显著增大。

（3）洪水风险较高的区域主要集中在雄县境内，区域内居住区分布较为集中，GDP 暴露度高，经济损失较大；雄安新区起步区东南部地势较低且地均 GDP 也较高，经济损失风险较高；安新县以耕地为主，地均 GDP 较低，洪水风险较低。

参考文献

白洋淀国土经济研究会，1987. 白洋淀综合开发与治理研究 [M]. 石家庄：河北人民出版社.

包红军，林建，曹爽，等，2020. 基于流域地貌的中小河流致洪动态临界面雨量阈值研究 [J]. 气象，46（11）：1495-1507.

鲍振鑫，张建云，严小林，等，2021. 基于四元驱动的海河流域河川径流变化归因定量识别 [J]. 水科学进展，32（2）：171-181.

曹丽格，方玉，姜彤，等，2012. IPCC 影响评估中的社会经济新情景（SSPs）进展 [J]. 气候变化研究进展（1）：74-78.

程常青，2016. 全面放开二孩政策下邯郸人口趋势研究：基于 PDE（人口—发展—环境分析）模型 [J]. 统计与管理（8）：44-45.

崔豪，肖伟华，周毓彦，等，2019. 气候变化与人类活动影响下大清河流域上游河流径流响应研究 [J]. 南水北调与水利科技，17（4）：54-62.

丁咏静，2012. "7·21"洪涝灾害给我市造成巨大损失 [N]. 保定日报，07-26（第 A02 版：要闻）.

董晓花，王欣，陈利，2008. 柯布—道格拉斯生产函数理论研究综述 [J]. 生产力研究（3）：148-150.

宫清华，黄光庆，郭敏，等，2009. 基于 GIS 技术的广东省洪涝灾害风险区划 [J]. 自然灾害学报，18（1）：58-63.

国家人口发展战略研究课题组，2007. 国家人口发展战略研究报告 [J]. 人口研究（1）：1-10.

郝志新，熊丹阳，葛全胜，2018. 过去 300 年雄安新区涝灾年表重建及特征分析 [J]. 科学通报，63（22）：2302-2310.

何报寅，张海林，张穗，等，2002. 基于 GIS 的湖北省洪水灾害危险性评价 [J]. 自然灾害学报，11（4）：84-89.

河北省水利厅，2009. 河北河湖名览 [M]. 北京：中国水利水电出版社 .

侯春飞，韩永伟，孟晓杰，等，2021. 雄安新区 1995—2019 年土地利用变化对生态系统服务价值的影响 [J]. 环境工程技术学报，11（1）：65-73.

胡恒智，顾婷婷，田展，2018. 气候变化背景下的洪涝风险稳健决策方法评述 [J]. 气候变化研究进展，14（1）：77-85.

胡畔，陈波，史培军，2021. 中国暴雨洪涝灾情时空格局及影响因素 [J]. 地理学报，76（5）：1148-1162.

贾润崧，张四灿，2014. 中国省际资本存量与资本回报率 [J]. 统计研究，31（11）：35-42.

姜彤，赵晶，景丞，等，2017. IPCC 共享社会经济路径下中国和分省人口变化预估 [J]. 气候变化研究进展，13（2）：128-137.

姜彤，王艳君，苏布达，等，2020. 全球气候变化中的人类活动视角：社会经济情景的演变 [J]. 南京信息工程大学学报（自然科学版），12（1）：68-80.

寇利敏，2016. 大清河流域流域性暴雨洪水演变规律浅析 [J]. 地下水（3）：147.

李昌志，郭良，刘昌军，等，2015. 基于分布式水文模型的山洪预警临界雨量分析——以浐水南支小流域为例 [J]. 中国防汛抗旱，25（1）：70-76+87.

李超超，田军仓，申若竹，2020. 洪涝灾害风险评估研究进展 [J]. 灾害学，35（3）：131-136.

李万志，余迪，冯晓莉，等，2019. 基于风险度的青海省暴雨洪涝灾害风险评估 [J]. 冰川冻土，41（3）：680-688.

李喜仓，白美兰，杨晶，等，2012. 基于 GIS 技术的内蒙古地区暴雨洪涝灾害风险区划及评估研究 [J]. 干旱区资源与环境，26（7）：71-77.

李新运，徐瑶玉，吴学锰，2014.“单独二孩”政策对我国人口自然变动的影响预测 [J]. 经济与管理评论，30（5）：47-53.

李彦东，张吉伟，1998. 大清河流域社会经济发展与水资源供需能力分析 [J]. 中国人口·资源与环境，8（3）：42-47.

李莹，赵珊珊，2022. 2001—2020 年中国洪涝灾害损失与致灾危险性研究 [J]. 气候变化研究进展，18（2）：154-165.

林齐根，刘燕仪，刘连友，等，2017. 支持向量机与 Newmark 模型结合的地震滑坡易发性评估研究 [J]. 地球信息科学学报，19（12）：1623-1633.

刘家福，李京，刘荆，等，2008. 基于 GIS/AHP 集成的洪水灾害综合风险评价——以淮河流域为例 [J]. 自然灾害学报，17（6）：110-114.

刘建国，李国平，张军涛，等，2012. 中国经济效率和全要素生产率的空间分异及其影响 [J]. 地理学报，67（8）：1069-1084.

刘克岩，1998.“63.8”暴雨在近期重演后大清河流域江洪沥水组成的变化及洪水调度

[J]. 河北水利水电技术（3）：46-49.

刘扬，王维国，2020. 基于随机森林的暴雨灾害人口损失预估模型及应用 [J]. 气象，46（3）：393-402.

卢燕宇，田红，2015. 基于 HBV 模型的淮河流域洪水致灾临界雨量研究 [J]. 气象，41（6）：755-760.

吕子豪，于俊亮，2016. 强降雨致河北保定 112.6 万人受灾 或再迎暴雨考验 [P]. 中国新闻网.

孟令国，李超令，胡广，2014. 基于 PDE 模型的中国人口结构预测研究 [J]. 中国人口·资源与环境，24（2）：132-141.

裴宏伟，杨佳，张红娟，等，2020. 变化环境下清水河流域径流演变特征及驱动力 [J]. 南水北调与水利科技（中英文），18（2）：1-13.

齐美东，戴梦宇，郑焱焱，2016. "全面放开二孩"政策对中国人口出生率的冲击与趋势探讨 [J]. 中国人口·资源与环境，26（9）：1-10.

钱永兰，吕厚荃，张艳红，2010. 基于 Anusplin 软件的逐日气象要素插值方法应用与评估 [J]. 气象与环境学报，26（2）：7-15.

秦大河，翟盘茂，2021. 中国气候与生态环境演变：2021（第一卷 科学基础）[M]. 北京：科学出版社.

权瑞松，刘敏，张丽佳，等，2011. 基于情景模拟的上海中心城区建筑暴雨内涝暴露性评价 [J]. 地理科学，31（2）：148-152.

盛广耀，廖要明，扈海波，2020. 气候变化下雄安新区洪涝灾害的风险评估及适应措施 [J]. 中国人口·资源与环境，30（6）：40-52.

石英，韩振宇，徐影，等，2019. 6.25 km 高分辨率降尺度数据对雄安新区及整个京津冀地区未来极端气候事件的预估 [J]. 气候变化研究进展，15（2）：140-149.

田国珍，刘新立，王平，等，2006. 中国洪水灾害风险区划及其成因分析 [J]. 灾害学，21（2）：1-6.

王贺年，张曼胤，崔丽娟，等，2019. 气候变化与人类活动对海河山区流域径流的影响 [J]. 中国水土保持科学，17（1）：102-108.

王磊，2019. 气候变化和人类活动对海河流域径流变化的影响 [J]. 水利科技与经济，25（4）：49-55.

王立军，胡耀岭，马文秀，2015. 中国劳动质量与投入测算：1982—2050——基于偏好惯性视角的四维测算方法 [J]. 中国人口科学（3）：55-68+127.

王庆明，姜珊，李森，等，2021. 大清河流域山区径流量衰减影响因素 [J]. 南水北调与水利科技（中英文），19（4）：669-679.

王艳君，高超，王安乾，等，2014. 中国暴雨洪涝灾害的暴露度与脆弱性时空变化特征 [J]. 气候变化研究进展，10（6）：391-398.

温玲，侯越，2019.大清河流域暴雨洪水分析及防灾减灾探讨 [J].科学技术创新（27）：56-57.

吴大光，王高旭，魏俊彪，等，2011.海河流域径流演变规律及其对气候变化的响应 [J].水科学与工程技术（6）：11-14.

吴大明，2023.国外基于影响的灾害预报与预警经验做法及借鉴意义 [J].中国减灾，（3）：58-61.

吴吉东，傅宇，张洁，等，2014.1949—2013 年中国气象灾害灾情变化趋势分析 [J].自然资源学报，29（9）：1520-1530.

吴婕，高学杰，徐影，2018.RegCM4 模式对雄安及周边区域气候变化的集合预估 [J].大气科学，42（3）：696-705.

谢五三，吴蓉，田红，等，2017.东津河流域暴雨洪涝灾害风险区划 [J].气象，43（3）：341-347.

徐影，张冰，周波涛，等，2014.基于 CMIP5 模式的中国地区未来洪涝灾害风险变化预估 [J].气候变化研究进展，10（4）：268-275.

颜菲阅，2013.影响"7·21"洪水传播时间的因素 [J].水科学与工程技术（S1）：32-34.

杨大卓，2003.大清河流域水文特性分析 [J].水文，23（2）：58-60.

杨汝岱，2015.中国制造业企业全要素生产率研究 [J].经济研究，50（2）：61-74.

叶裕民，2002.全国及各省区市全要素生产率的计算和分析 [J].经济学家，3（3）：115-121.

于静，2008.大清河流域土地利用 / 覆被变化对洪水径流影响问题的研究 [D].天津：天津大学.

于京要，2010.大清河流域白洋淀以上库淀联合防洪调度研究 [J].水利规划与设计（5）：14-15 ＋ 75.

臧建升，温克刚，2008.中国气象灾害大典：河北卷 [M].北京：气象出版社.

翟振武，李龙，陈佳鞠，2016.全面两孩政策对未来中国人口的影响 [J].东岳论丛，37（2）：77-88.

张继权，张会，韩俊山，2006.东北地区建国以来洪涝灾害时空分布规律研究 [J].东北师大学报（自然科学版）（1）：126-130.

张婧，郝立生，许晓光，2009.基于 GIS 技术的河北省洪涝灾害风险区划与分析 [J].灾害学，24（2）：51-56.

张君枝，袁冯，王冀，等，2020.全球升温 1.5℃和 2.0℃背景下北京市暴雨洪涝淹没风险研究 [J].气候变化研究进展，16（1）：78-87.

张鹏，2017.河北省 2016 年"7.19"暴雨洪水特性分析 [J].水利规划与设计（11）：95-97.

张晓婧，2013.中国经济增长的影响要素分析：基于柯布—道格拉斯生产函数 [J].中国市场，41（3）：117-118，133.

张艳军，邹薏轩，王协康，等，2021. 基于时效差的山洪预警评定方法 [J]. 工程科学与技术，53（2）：10-18.

中华人民共和国水利部，2020. 中国水旱灾害防御公报 2019[R].

周铁，陈柳彤，黄靖玲，等，2021. 典型降雨情景下北京市十渡镇山洪灾害风险评估 [J]. 灾害学，36（3）：97-102.

ABEL G J, 2013. Estimating global migration flow tables using place of birth data[J]. Demographic Research, 28: 505-546.

ARNOLD J G, ALLEN P M, MUTTIAH R, et al, 1995. Automated base flow separation and recession analysis techniques[J]. Ground Water, 33(6): 1010-1018.

BASTEN S, SOBOTKA T, ZEMAN K, et al, 2014. Future fertility in low fertility countries [M]. Oxford University Press.

CASELLI G, DREFAHL S, LUY M, et al, 2013. Future mortality in low-mortality countries[R]. Vienna Institute of Demography Working Papers.

CHEN T, GUESTRIN C, 2016. Xgboost: A scalable tree boosting system[R]. In Proceedings of the 22nd ACM SIGKDD international conference on knowledge discovery and data mining. USA.

CUARESMA J CRESPO, 2017. Income projections for climate change research: a framework based on human capital dynamics [J]. Global Environmental Change, 42: 226-236.

RUTGER,DANKERS,LUC,et al, 2008.Climate change impact on flood hazard in Europe: An assessment based on high-resolution climate simulations [J]. Journal of Geophysical Research, 113: D19105.

DANO U L, BALOGUN A L, MATORI A N, et al, 2019. Flood susceptibility mapping using GIS-based analytic network process: a case study of Perlis, Malaysia[J]. Water, 11:615

DELLINK R, CHATEAU J, LANZI E, et al, 2015. Long-term economic growth projections in the shared socioeconomic pathways [J]. Global Environmental Change, 42: 200-214.

DODANGEH E, PANAHI M, REZAIE F, et al, 2020.Novel hybrid intelligence models for flood-susceptibility prediction: Meta optimization of the GMDH and SVR models with the genetic algorithm and harmony search[J]. Journal of Hydrology, 590: 125423.

DUNCAN H P, 2019. Baseflow separation—A practical approach[J]. Journal of Hydrology, 575: 308-313.

ECKHARDT K, 2005. How to construct recursive digital filters for baseflow separation[J]. Hydrological Processes: An International Journal, 19(2): 507-515.

FENG Z K, NIU W J, TANG Z Y, et al, 2020.Monthly runoff time series prediction by variational mode decomposition and support vector machine based on quantum-behaved particle swarm optimization[J]. Journal of Hydrology, 583: 124627.

GOUJON A, FUCHS R, 2013. The Future Fertility of High Fertility Countries: A Model Incorporating Expert Arguments[R]. IIASA Interim Report.

GOUJON A, KC S, 2008. The past and future of human capital in South-east Asia [J]. Asian Population Studies, 4 (1): 31-56.

HIRABAYASHI Y, MAHENDRAN R, KOIRALA S, et al, 2013. Global flood risk under climate change[J]. Nature Climate Change, 3(9): 816-821.

IPCC, 2012.Managing the risks of extreme events and disasters to advance climate change adaptation: a special report of working groups I and II of the Intergovernmental Panel on Climate Change[M]. Cambridge: Cambridge University Press.

IPCC, 2021.Climate Change 2021: The Physical Science Basis. Contribution of Working Group I to the Sixth Assessment Report of the Intergovernmental Panel on Climate Change[M]. Cambridge: Cambridge University Press.

JIANG T, SU B, HUANG J, et al, 2020. Each 0.5 ℃ of Warming Increases Annual Flood Losses in China by More than US $60 Billion[J]. Bulletin of the American Meteorological Society, 101(8): E1464-E1474.

JIAO M Y, SONG L C, JIANG T, et al, 2015. China's implementation of impact and risk-based early warning[J]. WMO Bulletin, 64(2): 9-12.

JONGMAN B, WARD P J, AERTS J C J H, 2012. Global exposure to river and coastal flooding: Long term trends and changes[J]. Global Environmental Change, 22: 823-835.

KC S, POTANČOKOVÁ M, BAUER R, et al, 2013. Summary of data, assumptions and methods for new Wittgenstein Centre for Demography and Global Human Capital (WIC) population projections by age, sex and level of education for 195 countries to 2100[R].

KC S, LUTZ W, 2014. Demographic scenarios by age, sex and education corresponding to the SSP narratives[J]. Population and Environment, 35(3): 243-260.

NATHAN R J, MCMAHON T A, 1990. Evaluation of automated techniques for base flow and recession analyses[J]. Water resources research, 26(7): 1465-1473.

LEE S, KIM J C, JUNG H S, et al, 2017. Spatial prediction of flood susceptibility using random-forest and boosted-tree models in Seoul Metropolitan City, Korea[J]. Geomatics Natural Hazards & Risk, (8): 1185-1203.

LEIMBACH M, KRIEGLER E, ROMING N, et al, 2017. Future growth patterns of world regions: a GDP scenario approach [J]. Global Environmental Change, 42: 215-225.

LI X N, YAN D H, WANG K, et al, 2019. Flood risk assessment of global watersheds based on multiple machine learning models [J]. Water, 11(8): 1654.

LI M, ZHANG Y, WALLACE J, et al, 2020. Estimating annual runoff in response to forest change: A statistical method based on random forest[J]. Journal of Hydrology, 589:125168.

LIN K, CHEN H, XU C Y, et al, 2020. Assessment of flash flood risk based on improved analytic hierarchy process method and integrated maximum likelihood clustering algorithm[J]. Journal of Hydrology, 584: 124696.

LIN K, ZHOU J, LIANG R, et al, 2021. Identifying rainfall threshold of flash flood using entropy decision approach and hydrological model method[J]. Natural Hazards, 1-22.

LOTT D A, STEWART M T, 2016. Base flow separation: A comparison of analytical and mass balance methods[J]. Journal of Hydrology, 535: 525-533.

LUTZ W, 1994. Population development environment: understanding their interactions in Mauritius [J]. Population, 50 (2): 525-526.

O'NEILL B C, KRIEGLER E, RIAHI K, et al, 2014. A new scenario framework for climate change research: the concept of Shared Socioeconomic Pathways[J]. Climatic Change, 122(3): 387-400.

REICHSTEIN M, CAMPS-VALLS G, STEVENS B, et al, 2019. Deep learning and process understanding for data-driven Earth system science[J]. Nature, 566 (7743):195-204.

RUNGE J, BATHIAN, S, BOLLT E, et al, 2019. Inferring causation from time series in Earth system sciences[J]. Nature Communications, 10(1):2553.

SACHINDRA D A, AHMED K, RASHID M M, et al, 2018. Statistical downscaling of precipitation using machine learning techniques[J]. Atmospheric Research, 212: 240-258.

SACHINDRA D A, KANAE S, 2019. Machine learning for downscaling: the use of parallel multiple populations in genetic programming[J]. Stochastic Environmental Research and Risk Assessment, 33(8-9):1497-1533.

SU B, HUANG J, FISCHER T, et al, 2018. Drought losses in China might double between the 1.5 C and 2.0 C warming[J]. Proceedings of the National Academy of Sciences, 115(42): 10600-10605.

TONGAL H, BOOIJ M J, 2018.Simulation and forecasting of streamflows using machine learning models coupled with base flow separation[J]. Journal of hydrology, 564: 266-282.

UNDRR, 2020. The human cost of disasters: An overview of the last 20 years (2000-2019)[R] .

VAN VUUREN D P, EDMONDS J, KAINUMA M, et al, 2011. The representative concentration pathways: an overview[J]. Climatic change, 109(1): 5-31.

VANDAL T, KODRA E, GANGULY A R, 2019. Intercomparison of machine learning methods for statistical downscaling: the case of daily and extreme precipitation[J]. Theoretical and Applied Climatology, 137: 557-570.

WANG Y, WANG A, ZHAI J, et al, 2019. Tens of thousands additional deaths annually in cities of China between 1.5 C and 2.0 C warming[J]. Nature communications, 10(1): 1-7.

WILBANKS T J, EBI K L, 2014. SSPs from an impact and adaptation perspective[J]. Climatic change, 122(3): 473-479.

XIANG Z, YAN J, DEMIR I, 2020. A rainfall runoff model with LSTM based sequence to sequence learning[J]. Water resources research, 56(1): e2019WR025326.

XIE J, LIU X, WANG K, et al, 2020. Evaluation of typical methods for baseflow separation in the contiguous United States[J]. Journal of Hydrology, 583: 124628.

YUAN W, LIU M, WAN F, 2019. Calculation of critical rainfall for small-watershed flash floods based on the HEC-HMS hydrological model[J]. Water Resources Management. 33(7): 2555-2575.

ZAHURA F T, GOODALL J L, SADLER J M, et al, 2020. Training machine learning surrogate models from a high fidelity physics based model: Application for real time street scale flood prediction in an urban coastal community[J]. Water Resources Research, 56(10).

ZHANG J, ZHANG Y, SONG J, et al, 2017. Evaluating relative merits of four baseflow separation methods in Eastern Australia[J]. Journal of hydrology, 549: 252-263.

ZHU Z J, ZHANG Y, 2021. Flood disaster risk assessment based on random forest algorithm[J]. Neural Computing & Applications.